职业教育课程改革创新教材"做中学 做中教"系列

普通车床装调与维修实训

主　编　张吉林　盖同锡　吴海霞

副主编　李健平　赵秀娟　刘先勇

主　审　冯锡亮

U0243175

电子工业出版社.

Publishing House of Electronics Industry

北京·BEIJING

内 容 简 介

本书以 CA6140 普通车床为主线，利用图文并茂的表格形式详细讲解了机床主要部件的拆卸、装配和调试及精度检验的每个步骤。同时还对整体机床的装配、调试、故障诊断与排除等方面进行了介绍。

本书适合于中职学校机电技术类专业的学生使用，也可作为企业从事机床维修人员、工程技术人员、生产管理人员及机床使用者的参考用书。

未经许可，不得以任何方式复制或抄袭本书之部分或全部内容。

版权所有，侵权必究。

图书在版编目（CIP）数据

普通车床装调与维修实训 / 张吉林，盖同锡，吴海霞主编. —北京：电子工业出版社，2015.1
职业教育课程改革创新教材. "做中学 做中教"系列

ISBN 978-7-121-22129-3

Ⅰ. ①普… Ⅱ. ①张… ②盖… ③吴… Ⅲ. ①车床—安装—中等专业学校—教材②车床—调试方法—中等专业学校—教材③车床—维修—中等专业学校—教材 Ⅳ. ①TG51

中国版本图书馆 CIP 数据核字（2013）第 296232 号

策划编辑：张　凌
责任编辑：张　凌
印　　刷：北京天宇星印刷厂
装　　订：北京天宇星印刷厂
出版发行：电子工业出版社
　　　　　北京市海淀区万寿路 173 信箱　邮编　100036
开　　本：787×1 092　1/16　印张：9.5　字数：243.2 千字
版　　次：2015 年 1 月第 1 版
印　　次：2023 年 12 月第 11 次印刷
定　　价：23.90 元

前　言

本书由大连市轻工业学校和大连晟兴机电设备有限公司联合编写。本书以 CA6140 普通车床为例，从机床的部件拆装、整机装配、机床调试、精度检验、故障诊断与排除等方面进行介绍。书中配有大量的装调修过程现场图片，使有关知识更容易直观地了解和掌握。

本书以"机床典型性、功能普及性"为宗旨，结合生产制造一线的实际经验编写而成，具有较强的指导实际操作和提高技工理论水平的作用，特别适用于职业学校的教学和从事机床制造、安装调试及维修人员的自学和培训。

本书面向机电专业的机床维修方向，体现了专业知识性和技能性。本书的编写吸收了先进的教学经验和职业教育的教学特点，以基本技能操作为主线，以工作任务为引领，突出实用性；表现形式图文并茂、通俗易懂、操作性强。

本书部分图片还配有二维码，扫描二维码可查阅相应的实物图及彩图。

本书由张吉林、盖同锡、吴海霞主编，李健平、刘先勇副主编，赵秀娟主审，参与编写的还有郑云德、李成波、戴淑雯。由于编者水平、经验有限，教材难免有错误和不妥之处，诚恳读者、同人予以指正，并提出宝贵意见。

编　者

2014 年 10 月

目　　录

预 备 知 识

1. 掌握安全标志。
2. 了解安全文明生产和"6S"管理要求。
3. 了解钳工（机械拆装）实训场地的设备和操作中常用的工具、量具和刃具。
4. 了解车床加工范围、型号、规格和车床主要部件的组成及其作用。
5. 掌握床鞍（大拖板）、中滑板（中拖板）、小滑板（小拖板）的进退刀方向。
6. 了解车床传动系统。

1.1 安全文明操作规程（6S 管理）

安全保证生产，生产必须安全。

1.1.1 认识常用的安全图标

常用的安全图标如图 1-1 所示。

图 1-1　安全图标

禁止手放在安全　　　　禁止手放在　　　　禁止手放在
销插座上方　　　　机械传动部位　　　　齿轮啮合部位

禁止触摸运行　　　禁止触摸运行　　　禁止伸入剪刀　　　禁止手放在压辊、
中的钢带　　　　中的辊面　　　　活动区域　　　　压板下面

图 1-1　安全图标（续）

1.1.2　机修钳工实训安全文明生产操作规程

图 1-2　台钻

1. 钻床安全操作规程（台钻如图 1-2 所示）

（1）工件夹装必须牢固可靠；钻小工件时，应使用工具夹持，不得手持工件进行钻孔；薄板钻孔，应使用虎钳夹紧并在工件下垫好木板，使用平头钻头。

（2）摇臂钻床时横臂必须卡紧，横臂回转范围内，不得有障碍物。

（3）动进钻退钻时，应逐渐增压或减压，不得用管子套在手柄上加压进钻。

（4）钻头上绕有长屑时，应停钻后用铁钩或刷子清除，严禁用手拉或嘴吹。

（5）严禁用手触摸旋转的刀具和将头部靠近机床旋转部分，不得在旋转着的钻头下，翻转卡压或测量工件。

2. 砂轮机安全操作规程（砂轮机如图 1-3 所示）

（1）非本车间人员或未经实训指导教师许可不得随便使用。

（2）使用时要精神集中，要检查砂轮机运转是否正常，只有正常情况下才能使用。

（3）砂轮必须戴好砂轮罩，托架距砂轮不得超过 5mm。

（4）凡使用者要戴防护镜，不准戴手套，严禁使用棉纱等物包裹刀具进行磨削。

（5）不得两人同时使用砂轮，严禁在磨削时嬉笑与打闹。

（6）磨削时的站立位置应与砂轮机成一夹角，且接触压力要均匀，严禁撞击砂轮，以免碎裂。

（7）砂轮只限于磨刀具、不得磨笨重的物料或薄铁板以及软质材料（铝、铜等）和木质品。

（8）砂轮机启动后，须待砂轮运转平稳后，方可进行磨削，压力不可过大或用力过猛。砂轮的三面（两侧及圆周）不得同时磨削工件。

（9）新砂轮片在更换前应检查是否有裂纹，更换后需经10 分钟空转后方可使用。在使用过程中要定期检查砂轮片是否有裂纹、异常声音、摇摆、跳动等现象，如果发现应立即停车报告车间主任和安全员。

（10）使用后必须拉闸，要保持卫生。

（11）严禁私自拆卸砂轮。

图 1-3　砂轮机

1.1.3　机械拆装实训安全和文明生产操作规程

1．机械拆装实训室安全制度

（1）要严格执行实训室（工厂）的安全工作条例和设备拆装的操作规程，切实抓好安全工作。实训室主任是本室安全责任第一人，有权利和义务对所有成员经常进行安全教育，明确安全责任，定期进行安全检查。

（2）在实训室设立一名安全员，协助实训室主任抓好实训室的安全教育、安全检查及排除隐患等工作，并负责指导本实训室人员掌握消防器材的维护和使用。

（3）实训室主任、安全员必须对在实训室实训的学员进行安全教育，督察安全执行情况，确保人身及设备的安全。对违反规定者，管理人员有权停止其实训。

（4）实训室内严禁吸烟、打闹和做与实训无关的事情，注意保持实训场所的环境卫生和设施安全。

（5）消防器材按规定放置，不得挪用；要定期检查，及时更换失效器材。

（6）实训室的钥匙必须妥善保管，对持有者要进行登记，不得私配和转借，人员调出时必须交回。实训室工作人员不得将钥匙借给学员。

（7）一旦发生火情，要及时组织人员扑救，并及时报警。遇到案情事故，要注意保持现场，并迅速报警。要积极配合有关部门查明事故原因。

（8）未经批准，任何人不得随便进入实训室。节、假日需要加班者应填写加班申请单，经实训室主任签字同意后方可，并必须有两人以上在场，以确保人身安全。

（9）若因工作需要对仪器、设备进行开箱检查、维修，要经实训室主任签字同意才能拆装，并要有两人在场。检修完毕或离开检修现场前，必须将拆开的仪器设备妥善存放。

（10）实训室值班人员离开实训室以前，必须进行安全检查，关好水、断电、锁门。

2．机械拆装实训学员实训守则

（1）实训前按规定穿戴好工作服，工作帽、工作鞋等依次有序进入实训场地。

（2）实训前做好充分准备，了解实训的目的、要求、方法与步骤及实训应注意的事项。

（3）进入实训室必须按规定就位，听从实训指导老师的要求并进行实训。

（4）保持实训室的安静、整洁，不得吵闹、喧哗，不得随地吐痰及乱扔脏物，与实训无关的物品不得带入实训室。

（5）实训前首先核对实训用品是否齐全，若有不符，应立即向实训指导老师提出补领或调换。

（6）爱护实训仪器及设备，严格按照实训规程使用仪器和设备，不得随便乱拆卸。

（7）实训时按实训指导书要求，分步骤认真做好各项实训内容，并做好实训记录，填写实训报告书。

（8）拆下的零部件要摆放有序，搬动大件，务必注意安全，以防砸伤人及机件。

（9）注意安全，若实训中发现异常，应立即停止实训，及时报请实训指导老师检查处理。

（10）实训结束后，清洁场地、设备，整理好工位；清点并擦净工、量具，放回原处，方能离开实训场地。

3．机械拆装操作安全须知

（1）注意将待拆卸设备切断电源，挂上"有人操作，禁止合闸"标志。

（2）设备拆卸时必须遵守安全操作规则，服从指导人员的安排与监督。认真严肃操作，不得串岗操作。

（3）需要使用带电工具（手电钻、手砂轮等）时，应检查是否有接地或接零线，并应佩戴绝缘手套、胶鞋。使用手照明灯时，电压应低于36V。

（4）若需多人操作时，必须有专人指挥，密切配合。

（5）拆卸中，禁止用手试摸滑动面、转动部位或用手试探螺孔。

（6）使用起重设备时，应遵守起重工安全操作规程。

（7）试车前要检查电源连接是否正确，各部位的手柄、行程开关、撞块等是否灵敏可靠，传动系统的安全防护装置是否齐全，确认无误后方可开车运转。

（8）试车规则：空车慢速运转后逐步提高，运转正常后，再做负荷运转。

1.1.4　6S 管理

6S 管理见表 1-1 所示。

表 1-1　6S 管理

序号	名称	说　明
6S		6 S 是什么 ➢ 整理——Seiri ➢ 整顿——Seiton ➢ 清扫——Seiso ➢ 清洁——Seiketsu ➢ 素养——Shitsuke ➢ 安全——Safety

序号	名称	说　明	
1S	整理	**整理** 　　根据使用周期和频率，正确区分现场内的必要品和不必要品，果断去除不必要品的活动。 　　（区分必需品和非必需品，现场不放置非必需品。） 　　目的：将"空间"腾出来活用。 　　解决了"杂"的问题。 　　通则：区分"要"与"不要"，应及时处理不要的。	
2S	整顿	**整顿** 　　将物品放置标准化（三定），每个人都容易了解和找到所需要的物品，进行用眼看的管理活动。 　　目的：不浪费时间找东西。 　　解决了"乱"的问题。 　　通则：标示、定位、分类堆放、用后归位、一目了然、易于拿取。应将物品放置整齐，放置的物品不可压线或超过区域线。物品外面的标示和里面的内容应一致。	
3S	清扫	**清扫** 　　把作业现场的地面、设备、备品、工具等各个角落打扫干净、擦干净，搞好作业环境的活动。 　　（将岗位保持成无垃圾、无灰尘、干净整洁的状态。） 　　目的：提升作业品质。 　　解决了"脏"的问题。 　　通则：经常打扫，保持干净整洁，并消除污染源、故障源、不安全因素和不良习惯。	
4S	清洁	**清洁** 　　反复整理、整顿、清扫，始终维持干净的管理状态。 　　（将整理、整顿、清扫进行到底，并且制度化。） 　　目的：通过制度化来维持成果。 　　解决了"差"的问题。 　　通则：使6S制度化，落实到人，维持3S的成果，随时保持美观整洁的状态。	

序号	名称	说 明	
5S	素养	**素养** 通过教育，遵守已决定的规则，改变习惯，改变体制，创造有纪律的现场。 （对于规定了的事，大家都要遵守执行。） 目的：命令、纪律贯彻执行。 解决了"品质"的问题。 通则：自我要求，遵纪守法，养成良好的习惯，发挥自动自发的精神。	
6S	安全	**安全** 识别不安全的条件并采取纠正，规范操作人员行为以杜绝不安全的行为以期达到安全生产。 （清除事故隐患，排除险情，保障员工的人身安全和生产的正常运行。） 目的：前面"5S"实施的前提。 通则：创造安全无忧的环境，让员工高高兴兴上班来，平平安安回家去。	

1.2 认识拆装、调试常用工具

1.2.1 钳工常用工具

钳工常用工具见表 1-2 所示。

表 1-2 钳工常用工具

序号	名称	图 示	说 明
1	手锤 铜棒 圆冲子		手锤是用来敲击的工具，有金属手锤和非金属手锤两种。常用的金属锤有钢锤和铜锤两种，常用的非金属锤有塑胶锤、橡胶锤、木锤等

续表

序号	名称	图　示	说　明
2	内六角扳手	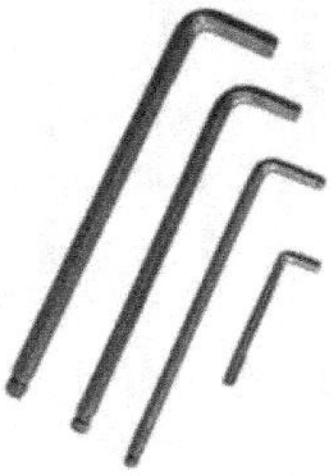	内六角扳手用于旋紧内六角螺钉，由一套不同规格的扳手组成，常用的规格有：M4、M6、M8、M10、M12、M14。使用时根据螺纹规格采用不同的内六角扳手
3	呆扳手	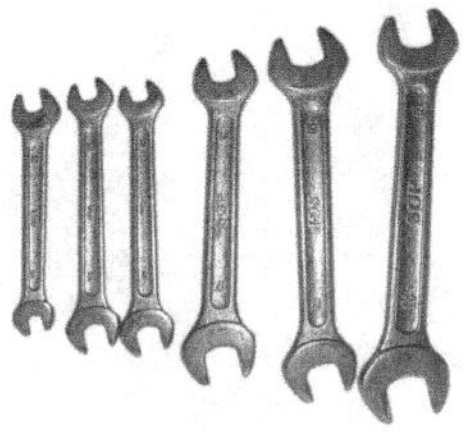	呆扳手主要用来旋紧或松退固定尺寸的螺栓或螺帽。由一套不同规格的呆扳手组成，常用的规格有：M6、M8、M10、M12、M14、M16。使用时根据要求选择对应规格的呆扳手
4	管扳手 活动扳手		活动扳手钳口的尺寸在一定的范围内可自由调整，它用来旋紧或松退螺纹连接
5	钩头扳手		主要用来拆装圆螺母
6	组锉 平锉 圆锉 三角锉 方锉 金刚锉		锉刀用于锉削金属工件平面、曲面、外表面、内孔、配建、制作样板等。金刚锉用于锉淬火零件。 各种锉中都含有粗、中、细纹三种
7	尖嘴钳 平口钳	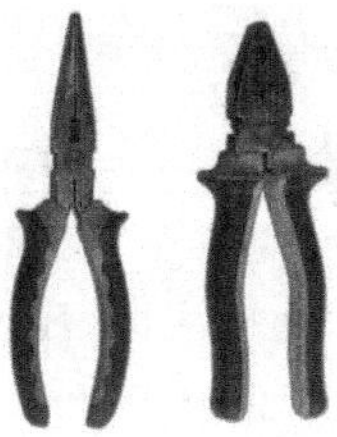	常见的夹持剪断用手钳有平口钳和尖嘴钳

序号	名称	图　示	说　明
8	孔用弹簧钳 轴用弹簧钳	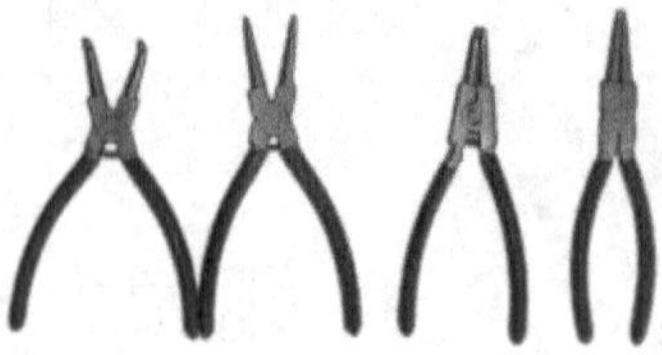 （a）　　　　　（b）	（a）图是孔用弹簧钳，用于拆装轴向固定轴承外圈、在箱体孔上的弹簧圈；（b）图为轴用弹簧钳，用于拆装轴向固定齿轮、制动轮等上的弹簧圈
9	螺丝刀		螺丝刀的主要作用是旋紧或松退螺钉。常见的螺丝刀的有一字形、十字形、米字形和弯头形等
10	錾子 （扁铲）		用于去除毛坯上的凸缘、毛刺、分割材料、錾削平面及沟槽等
11	平刮刀 三角刮刀		用于对金属工件表面（平面或孔）进行刮削加工
12	顶拔器 （手动拉玛） （液压拉玛）		拆卸轴上零件，如轴承、带轮等
13	拔销器		拆卸箱体上、轴上的圆销、锥销

1.2.2 钳工常用设备

钳工常用设备见表 1-3 所示。

表 1-3 钳工常用设备

序号	名称	图　示	说　明
1	台式虎钳		夹紧工件，方便加工
2	台式钻床		钻孔、扩孔、攻螺纹
3	砂轮机	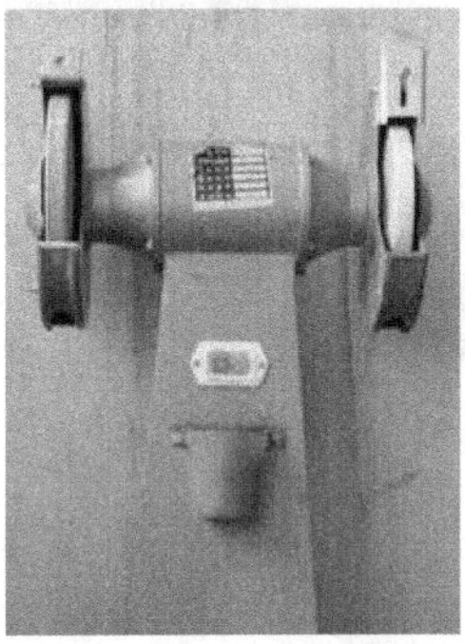	刃磨刀具、钻头；去工件毛刺

1.2.3 常用量具

常用量具见表 1-4 所示。

表 1-4 常用量具

序号	名称	图　示	说　明
1	钢板尺		钢板尺是用来测量长度的一种最常用的简单量具，可测量被测件的长、宽、高等尺寸 钢板尺的刻线距离为 0.5mm 或 1mm

续表

序号	名称	图　示	说　明
2	卡钳	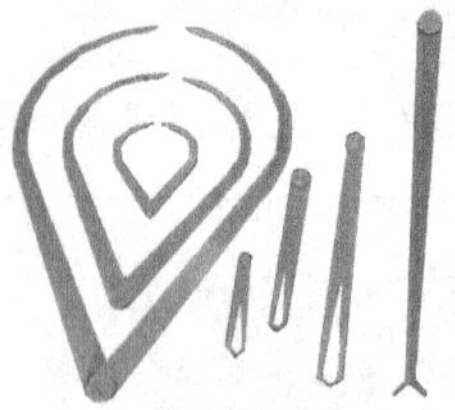	卡钳不能直接测量出长度数值，必须与钢板尺或其他带有刻度值的量具一起使用 卡钳分内卡钳和外卡钳两种。外卡钳可测量外尺寸；内卡钳可测量内尺寸
3	普通游标卡尺	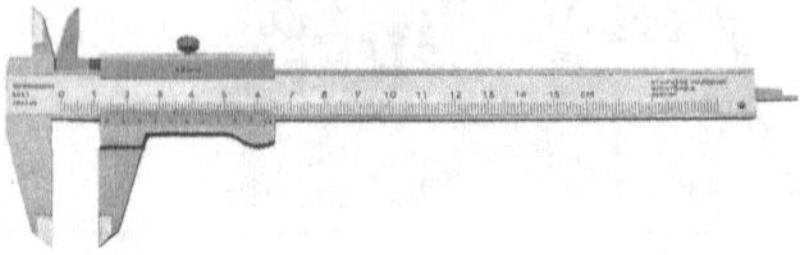 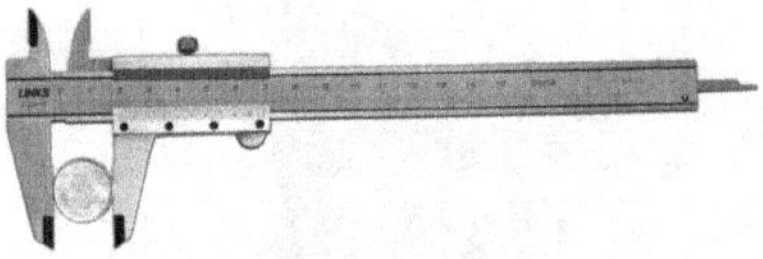	用来测量内、外尺寸（如长度、宽度、厚度、内径和外径）、孔距、深度、高度等
4	数显游标卡尺（电子显示）		读数方便
5	表显游标卡尺		读数方便
6	高度游标卡尺	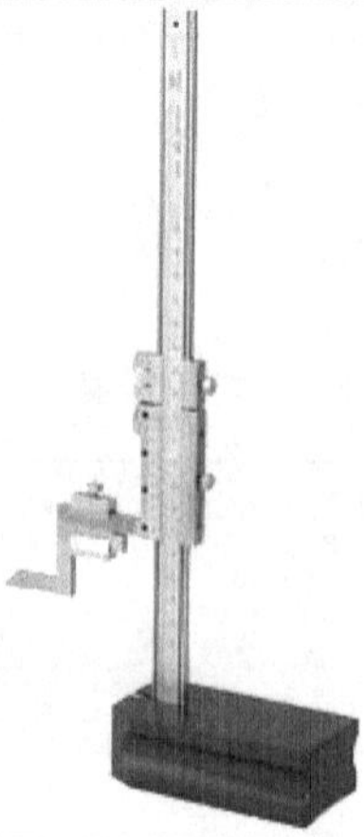	高度游标卡尺有普通和数显两种，规格一般有200mm、300mm、500mm

续表

序号	名称	图 示	说 明
7	齿厚游标卡尺	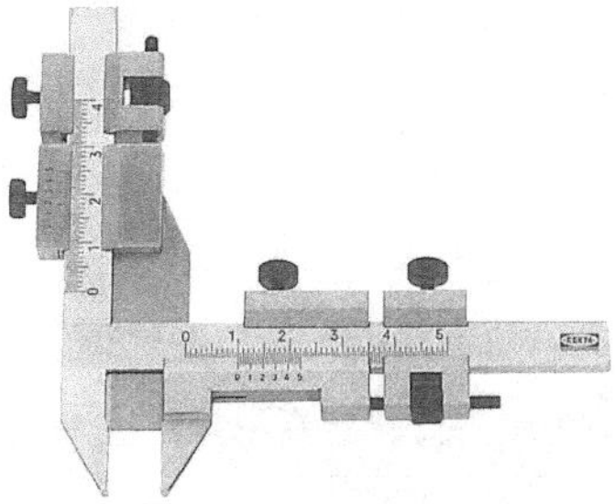	用来测量齿轮（或蜗杆）的弦齿厚和弦齿顶
8	万能角度游标卡尺		常用来测量工件内外角的量具，可测量0°～320°范围内的任何角度
9	外径千分尺（外径千分尺有两种：百分尺，精度0.01；千分尺，精度0.001）	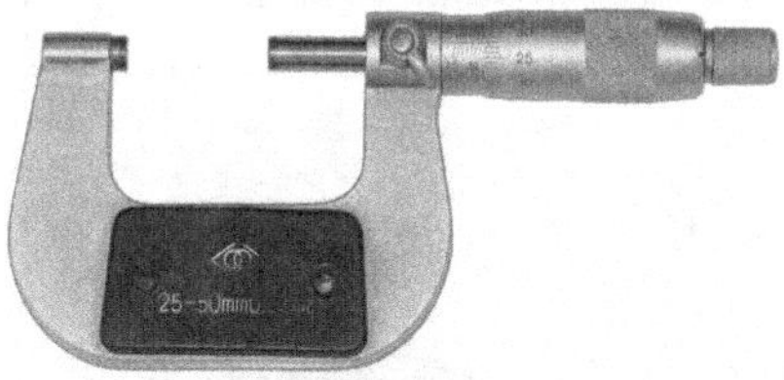	这类量具是一种较为精密的量具，应用广泛，根据用途不同分为内外径千分尺，深度千分尺、螺纹千分尺（用于测量螺纹中径）和公法线千分尺（用于测量齿轮公法线长度）等。测量精度高于游标卡尺
10	百分表（测量精度为0.01）千分表（测量精度为0.001）		用于测量长度尺寸、形位误差、检验机床的几何精度等，是机械加工生产和机械设备维修中不可缺少的量具
11	内径千分表		主要用于测量孔的尺寸。使用时应与外径千分尺同时使用（用它确定基础值）

序号	名称	图　示	说　明
12	塞尺	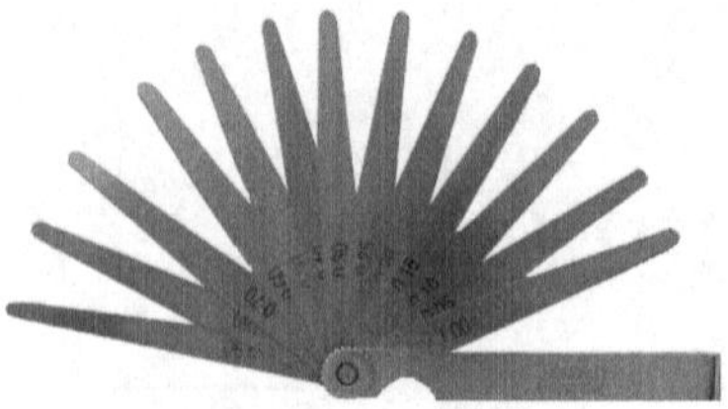	用来检验两个结合面之间间隙大小的片状量规。 塞尺有两个平行的测量平面，由若干片叠合在夹板里。使用塞尺时，根据间隙的大小，可用一片或数片重叠在一起插入间隙内。例如用0.3mm的塞尺可以插入工件的间隙，而0.35mm的塞尺插不进去时，说明工件的间隙在0.3～0.35 mm
13	量块（块规）		量块是成套使用的，常作为长度的基准。主要用于核对量具、精密测量及较复杂尺寸的测量，如常用于机床的调整；量块间具有良好的黏合性，利用这种特性，在使用时可以把尺寸不同的量块组合成量块组，以提高利用率
14	极限量规	  T（通端） Z（止端） 塞　规 （1～100）±（0.02～0.05）	极限量规常用于各种零件孔的精密测量，它是一种无刻度的专用检验工具，多用于检验成批大量零件。用通和止来检查零件合格与不合格。用于检验轴的光滑极限量规叫做卡规或环规；检验孔的又叫塞规。两端尺寸不同。对塞规使用时一端通过测孔称通规，另一端通不过测孔称为止规

1.3 车床概述

车床的应用很广泛，在一般机械制造厂中，车床在金属切削机床中所占的比重最大，约占金属切削机床总台数的 20%～35%。车床的种类很多，按照用途和结构分为普通车床、落地车床、立式车床、六角车床、多刀半自动车床、仿形车床及仿形半自动车床、单轴自动车床、多轴自动车床及多轴半自动车床等。此外，还有各种专用车床，如凸轮轴车床、曲轴车床、铲齿车床、高精度丝杠车床、车轮车床等。其中应用最广泛最典型的是 CA6140 普通车床，如图 1-4 所示。

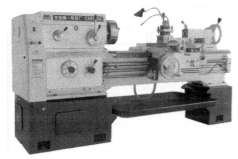
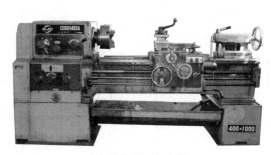

（a）新式 CA6140 车床　　　　　　　　　（b）旧式 CA6140 车床

（c）车床在加工轴类零件

图 1-4　CA6140 普通车床

1.3.1　CA6140 车床功能

CA6140型普通车床的万能性很好，可以加工各种回转表面，可完成车外圆、端面、钻孔、车内孔、铰孔、切断及车沟槽、车圆锥、车螺纹、车成型面、车偏心、滚花、绕弹簧等，如图1-5和表1-5所示。

图 1-5　车床加工的轴类零件

表 1-5 车床加工范围

序号	加工项目	示　例	序号	加工项目	示　例
1	外圆柱面	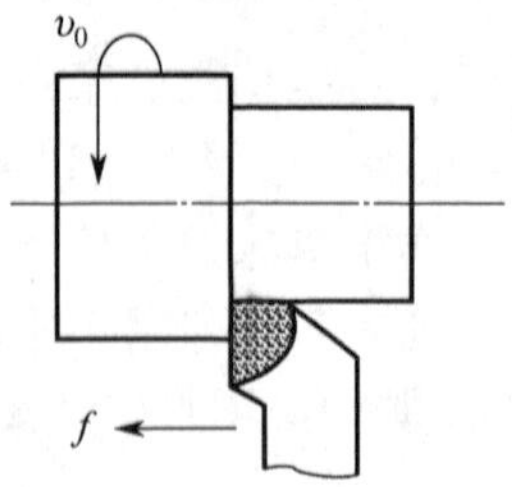	5	切内槽	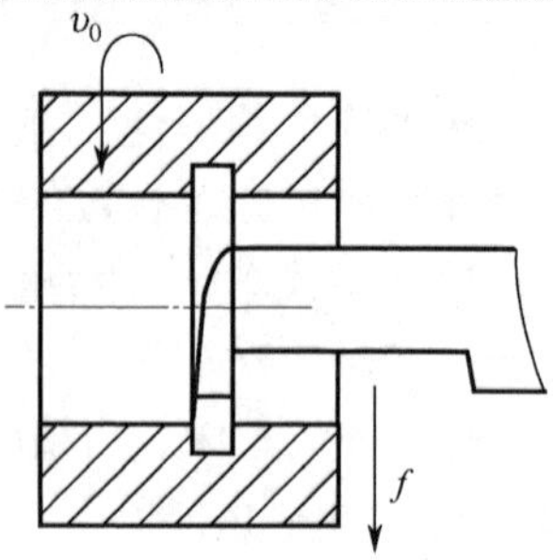
2	端面	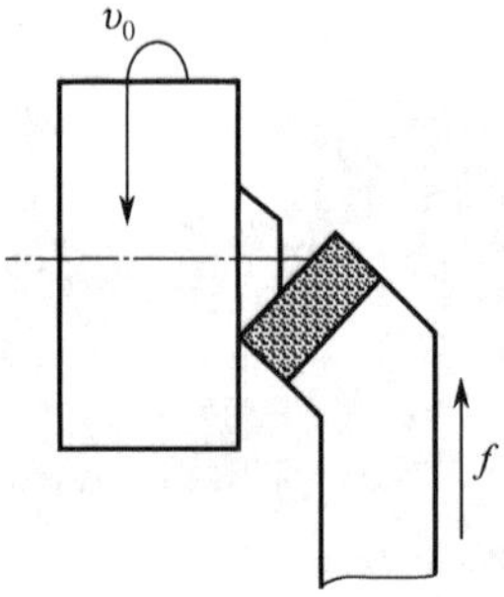	6	钻中心孔	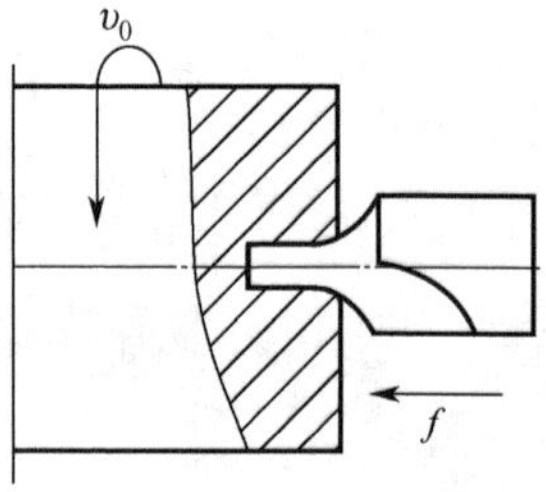
3	圆锥表面	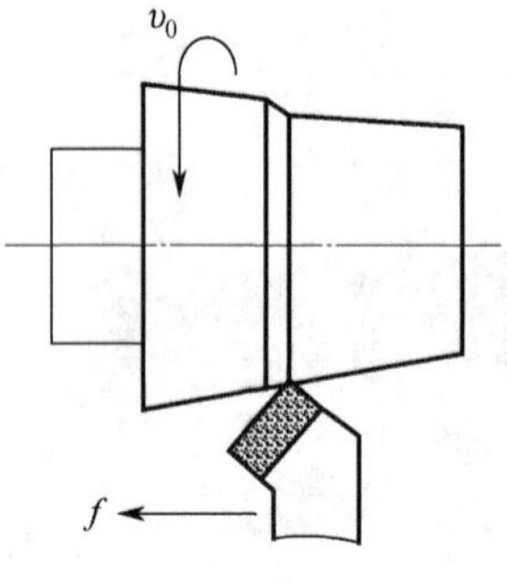	7	钻孔	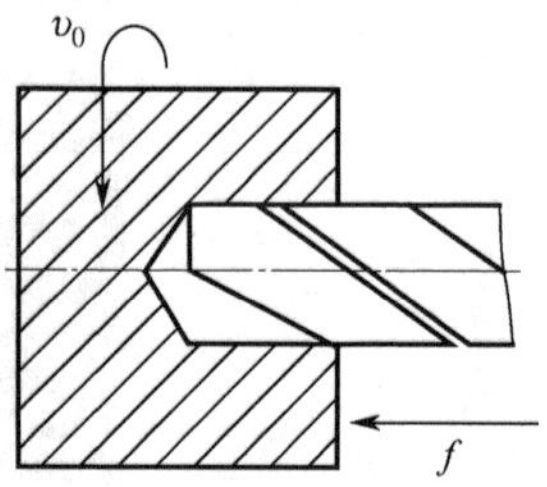
4	切槽切断	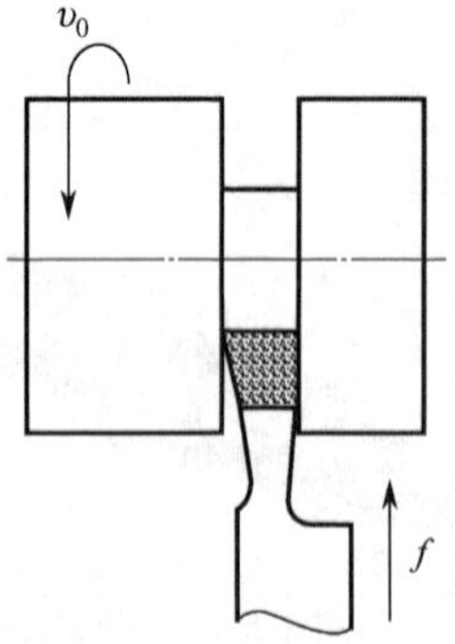	8	镗孔	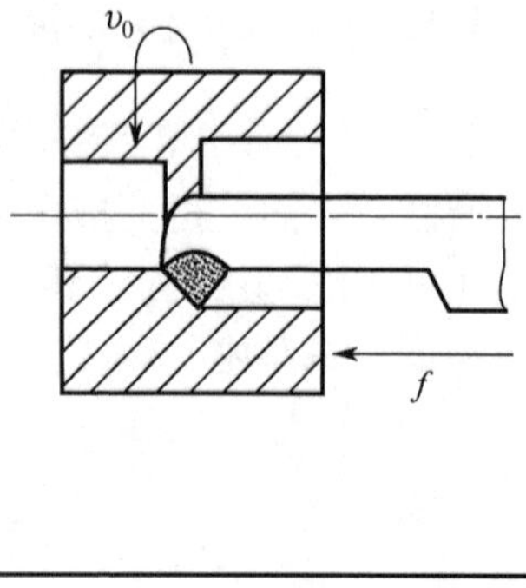

续表

序号	加工项目	示 例	序号	加工项目	示 例
9	铰孔		11	成型回转表面	
10	车螺纹		12	滚花	

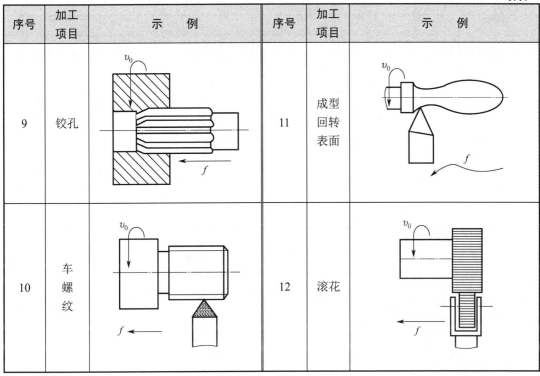

CA6140 型普通车床是普通精度级机床，根据普通车床的精度检验标准，新机床应达到的加工精度：尺寸精度为 IT7～IT10，表面粗糙度为 Ra（1.6～3.2）μm。精车外圆的圆度为 0.01mm；精车外圆的圆柱度为 0.01mm/100mm；精车端面的平面度为 0.025mm/400mm；精车螺纹的螺距精度为 0.04mm/100mm 和 0.06mm/300mm。

1.3.2 CA6140 车床结构

1．代号含义

CA6140 是机床产品的型号，用来表示机床的类别、主要技术参数、性能和结构特点等。

CA6140 车床型号含义如下：

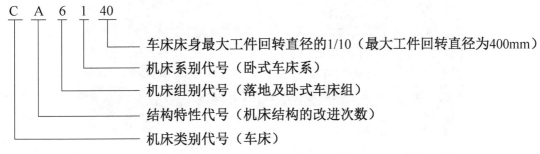

C　A　6　1　40

————— 车床床身最大工件回转直径的1/10（最大工件回转直径为400mm）

————— 机床系别代号（卧式车床系）

————— 机床组别代号（落地及卧式车床组）

————— 结构特性代号（机床结构的改进次数）

————— 机床类别代号（车床）

CA6140 卧式车床主要技术参数如表 1-6 所示。

表 1-6 CA6140 卧式车床主要技术参数

名　　称			参　　数
床身上工件最大回转直径			400mm
中滑板上工件最大回转直径			210mm
最大工件长度（顶尖距）4 种			750 mm、1000 mm、1500 mm、2000mm
最大纵向行程长度			650 mm、900 mm、1400 mm、1900mm
中心高（主轴中心到床身平面导轨距离）			205mm
主轴内孔直径			48mm
主轴锥孔			莫氏 6 号
主轴转速	正转	24 级	（10～1400）r/min
	反转	12 级	（14～1580）r/min
机动进给量	纵向	64 级	（0.028～6.33）mm/r
	横向	64 级	（0.014～3.16）mm/r
车削螺纹范围	米制	44 种	1～192mm
	英制	20 种	（2～24）牙/in
	模数	39 种	0.25～48mm（米制蜗杆）
	径节	37 种	（1～96）牙/in（英制蜗杆）
床鞍纵向快速移动速度			4m/min
中拖板横向快速移动速度			2m/min
尾座套筒锥孔			莫氏 5 号
主电动机功率、转速			7.5kW、1450r/min
快速移动电动机功率、转速			0.25kW、2800 r/min

2．结构组成

CA6140 型普通车床主要部件是由四箱一座、三杠一身、三板一架组成的，如图 1-6 和表 1-7 所示。

图 1-6 CA6140 型普通车床结构组成

表 1-7　CA6140 型普通车床结构及功能

部件名称	图　　示	功　　能
主轴箱	 	支承主轴并通过离合器和齿轮等，带动装在夹盘上的工件一起做回转运动。变换箱外的手柄位置，可使主轴获得多种转速
挂轮箱		挂轮箱连接主轴箱和进给箱，由进给箱将旋转运动输出给丝杠。通过调换挂轮可以车削不同类型的螺纹
进给箱	 	由主轴箱内的齿轮传动，通过挂轮变速机构传给进给箱。再变换进给箱外的手柄位置，通过光杠、丝杠，经溜板箱可使车刀沿导轨纵向或横向移动

续表

部件名称	图　　示	功　　能
溜板箱		由光杠或丝杠传递来的运动，变换溜板箱外的手柄位置或按钮，经大拖板可使车刀沿导轨做纵向或横向移动
刀架	 （a）旧型车床外形  （b）新型车床外形	刀架的运动由主轴箱传出，经挂轮箱、进给箱、光杠（或丝杠）、溜板箱，并经由溜板箱的控制机构接通或断开，使刀架做纵向、横向进给运动。溜板箱右下侧的辅助电动机，使刀架做纵向或横向快速移动。 刀架的组成： 1．床鞍（大拖板）：与溜板箱连接，可沿床身导轨做纵向移动，其上面有横向导轨 2．中滑板（中拖板）：可沿床鞍上的导轨做横向移动 3．转盘：与中滑板用螺钉紧固，松开螺钉便可在水平面内扳转任意角度 4．小滑板（小拖板）：可沿转盘上面的导轨做短距离移动；当将转盘偏转若干角度后，可使小滑板做斜向进给，以便车锥面 5．刀架：固定在小滑板上，可同时装夹四把车刀；松开锁紧手柄，即可转动方刀架，把所需要的车刀转换到工作位置上
尾座		用于安装后顶尖以支承工件，或安装钻头、铰刀等刀具进行孔加工。 转动手轮，可调整套筒伸缩距离；尾座还可沿床身导轨推移至所需位置，以适应不同工件加工的要求，还可以相对于它的底座做横向调整，以车锥度小而长度大的外锥体

续表

部件名称	图　　示	功　　能
三杠 床身	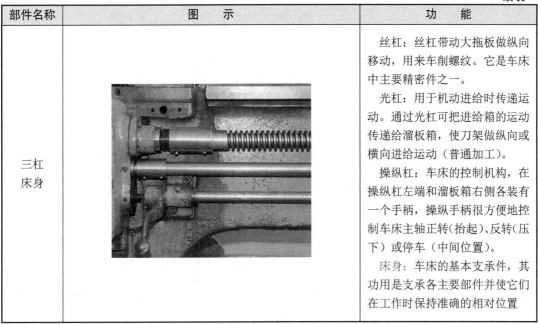	丝杠：丝杠带动大拖板做纵向移动，用来车削螺纹。它是车床中主要精密件之一。 光杠：用于机动进给时传递运动。通过光杠可把进给箱的运动传递给溜板箱，使刀架做纵向或横向进给运动（普通加工）。 操纵杠：车床的控制机构，在操纵杠左端和溜板箱右侧各装有一个手柄，操纵手柄很方便地控制车床主轴正转(抬起)、反转(压下)或停车（中间位置）。 床身：车床的基本支承件，其功用是支承各主要部件并使它们在工作时保持准确的相对位置

1.3.3 CA6140车床传动系统

CA6140型普通车床传动系统如图1-7、图1-8所示。

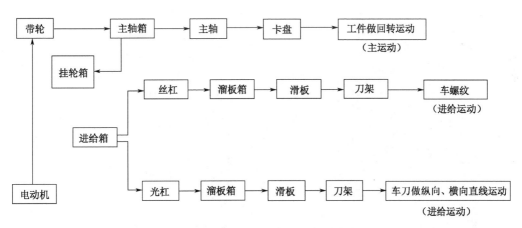

图 1-7　CA6140型普通车床传动系统框图

为了完成车削工作，车床必须有主运动和进给运动的相互配合。

主运动：电动机驱动V带，把运动输入到主轴箱，通过变速机构变速，使主轴得到多种转速，再经过夹盘或夹具带动工件旋转。

进给运动：由主轴箱的旋转运动传到挂轮箱，再通过进给箱变速后由丝杠或光杠驱动溜板箱和刀架部分，实现手动、机动、快速移动及车螺纹等运动完成各种表面车削。

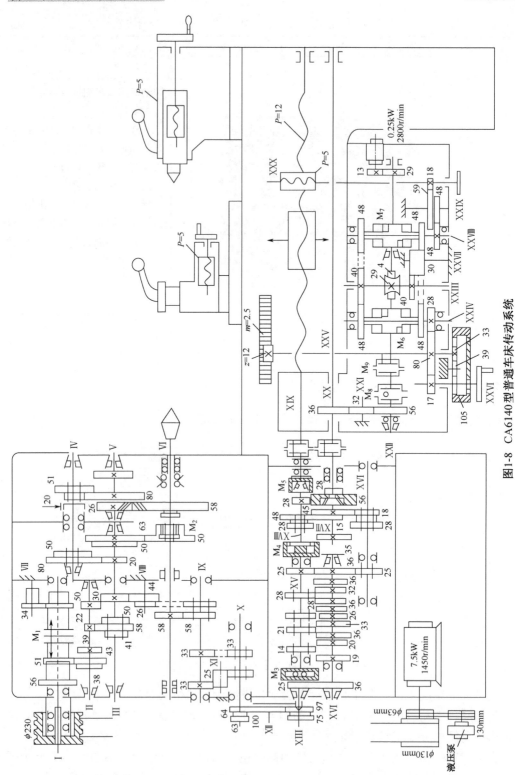

图1-8 CA6140型普通车床传动系统

思考题

1．为什么要进行安全教育？钳工实训场地常见的安全图标有哪些？
2．什么是"6S"管理？
3．如何使用常用量具？
4．如何选用机械拆装工具?（举例说明）
5．卧式车床能加工哪些典型零件？
6．车床由哪几部分组成，各部分的作用是什么？

CA6140型普通车床主轴箱

1. 了解机械拆装常用方法及操作技能。
2. 了解车床主要部件的结构及各部件的作用和传动关系。
3. 掌握常用工具的使用方法。
4. 掌握主要零部件的拆卸、装配和检测方法。
5. 初步掌握Ⅰ轴系的拆卸、清洗、维修、装配和检测方法。
6. 初步掌握主轴系的拆卸、清洗、维修、装配和检测方法。

主轴箱是用来使主轴转动，并使之按所需的转速运转的部件。它由箱体、主轴、各传动轴、摩擦离合器、变速操纵机构、制动器和润滑装置等组成，如图2-1所示。

图 2-1　CA6140 型普通车床主轴箱内部结构

2.1　主轴箱结构

2.1.1　传动原理

由主轴箱传动系统图2-2可知，电动机经V带传动，将运动传至Ⅰ轴、Ⅱ轴、……、Ⅵ轴（主轴）。即，电动机→Ⅰ轴→Ⅱ轴→Ⅲ轴→Ⅳ轴→Ⅴ轴→Ⅵ轴（主轴），此为主运动传动链。

1. 主运动链传动路线

（1）主运动实现主轴正转、反转或停止。

① 主轴正转：Ⅰ→M_1左离合→56/38或51/43→Ⅱ（两种转速）；

② 主轴反转：Ⅰ→M_1右离合→50/34→Ⅶ→34/30→Ⅱ（一种转速）；

③ 主轴停止：Ⅰ→M_1中位，运动不能传至Ⅱ。

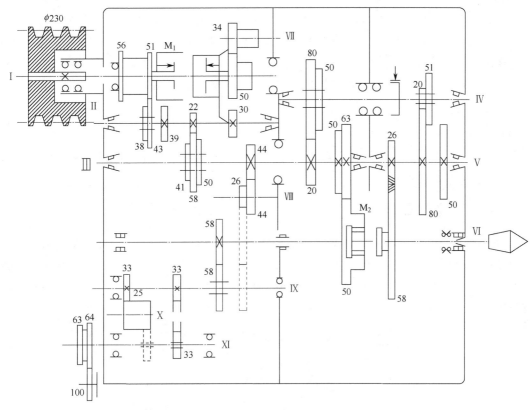

图 2-2 主轴箱传动系统

（2）主传动链传动路线表达式。

$$
主电动机 - \frac{\phi130}{\phi230} - I - \left\{\begin{array}{l} M_1(左) \\ (正转) \end{array}\left\{\begin{array}{l} \frac{56}{38} \\ \frac{51}{43} \end{array}\right. - \\ M_1(右) - \frac{50}{34} - VII - \frac{34}{30} \\ (反转) \end{array}\right\} - II - \left\{\begin{array}{l} \frac{39}{41} \\ \frac{30}{50} \\ \frac{22}{58} \end{array}\right. - III
$$

$$
- \left\{\begin{array}{l} - \frac{63}{50} - \\ \left\{\begin{array}{l} \frac{20}{80} \\ \frac{50}{50} \end{array}\right. - IV - \left\{\begin{array}{l} \frac{20}{80} \\ \frac{51}{50} \end{array}\right. - V - \frac{26}{58} - M_2(右移) \end{array}\right\} - \begin{array}{l} （450～1400）r/min \\ VI（主轴） \\ （10～500）r/min \end{array}
$$

2．主轴转速级数和转速

（1）主轴正转时，应有 $2 \times 3 = 6$ 级高转速和 $2 \times 3 \times 2 \times 2 = 24$ 级低转速。轴III—IV—V 之间的 4 条传动路线的传动比为

$$
i_1 = \frac{20}{80} \times \frac{20}{80} = \frac{1}{16}, \quad i_2 = \frac{20}{80} \times \frac{51}{50} \approx \frac{1}{4}, \quad i_3 = \frac{50}{50} \times \frac{20}{80} = \frac{1}{4}, \quad i_4 = \frac{50}{50} \times \frac{51}{50} \approx 1
$$

因为 i_2 和 i_3 基本相同，所以经低速传动路线，主轴实际上只得到 $2 \times 3 \times （2 \times 2 - 1）$ $= 18$ 级转速。加上6级高转速，主轴共可获得 $2 \times 3 \times [1+（2 \times 2 - 1）] = 24$ 级转速。

（2）主轴反转时，有3×[1+（2×2-1）]=12级转速。

（3）主轴各级转速的计算可根据各滑移齿轮的啮合状态求得。

在图2-2所示啮合位置时，主轴的转速为：

$$n_{主}=1450\times\frac{130}{230}\times\frac{51}{43}\times\frac{22}{58}\times\frac{20}{80}\times\frac{20}{80}\times\frac{26}{58}\approx10\,\mathrm{r/min}$$

同理，可计算出主轴正转时的24级转速为（10～1400）r/min；反转时的12级转速为（14～1580）r/min。

注意： 主轴反转通常是用于车削螺纹时，使车刀沿螺旋线退回，所以转速较高，以节约辅助时间。

2.1.2 主轴箱结构

主轴箱各种传动机构和装配关系的展开结构图，如图 2-3 所示。展开图是按各传动链传递运动的先后顺序，沿轴Ⅳ—Ⅰ—Ⅱ—Ⅲ（Ⅴ）—Ⅵ的轴线剖切后展开在一个平面上的装配图。轴Ⅳ画得离轴Ⅲ与轴Ⅴ较远，因而使原来相互啮合的齿轮副分开了。读展开图时，首先结合传动系统图弄清楚传动的关系。

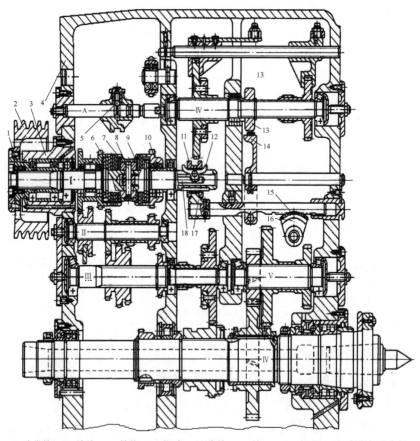

1—花键套；2—皮带轮；3—法兰；4—箱体；5—钢球；6—齿轮；7—销；8，9—螺母；10—单联滑移齿轮；11—滑套；12—元宝形摆块；13—制动盘；14—制动带；15—齿条；16—拉杆；17—拨叉；18—扇形齿轮

图 2-3 主轴箱的展开结构图

1．卸荷式皮带轮装置

主轴箱的运动由电动机经皮带传入，安装在 I 轴的皮带轮为卸荷式结构，如图 2-4 所示。如图 2-3 所示，皮带轮 2 与花键套 1 用螺钉连成一体，并支承在法兰 3 内的两个深沟球轴承上，而将法兰 3 固定在主轴箱体 4 上。这样皮带轮 2 可通过花键套 1 带动轴 I 旋转，而皮带的拉力经轴承和法兰 3 直接传到箱体 4 上，从而避免了因 V 带拉力使 I 轴产生弯曲变形（径向载荷卸给箱体）。

1—皮带轮；2—花键套；3—花键轴；4—法兰；5—双联滑移齿轮；
6—左、右摩擦离合器；7—单联滑移齿轮；8—轴承；9—元宝形摆块；10—销轴

（a） I 轴系结构

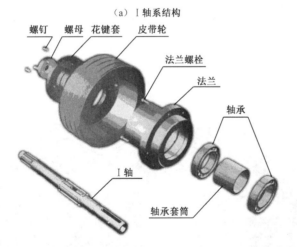

（b）卸荷式皮带轮装置上主要零件名称

（c）花键套   （d）花键轴

图 2-4　卸荷式皮带轮装置

2. 双向多片式摩擦离合器、制动器及其操纵机构

车床主轴开停操纵机构如图 2-5 所示，主要包括双向多片式摩擦离合器、制动器和操纵机构三个组成部分。其主要功能是实现车床主轴的开、停和正、反向转动。

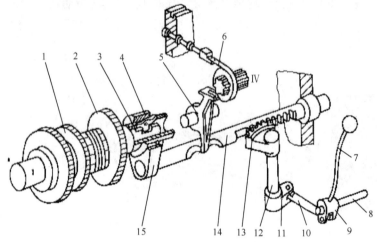

1—双联滑移齿轮；2—齿轮；3—元宝形摆块；4—滑套；5—杠杆；6—制动带；7—手柄；
8—操纵杆；9，11—曲柄；10—拉杆；12—轴；13—扇形齿轮；14—齿条轴；15—拨叉

图 2-5　车床主轴开停操纵机构

（1）双向多片式摩擦离合器

双向多片式摩擦离合器的作用是控制主轴启动、停止、换向及过载保护。其结构及操纵机构等如图 2-6 所示。

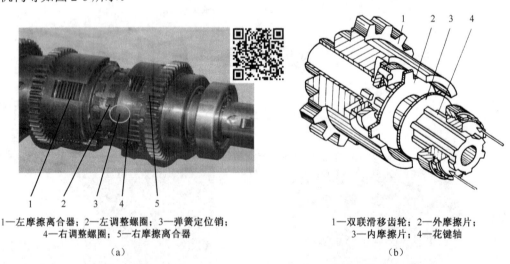

1—左摩擦离合器；2—左调整螺圈；3—弹簧定位销；　　　　1—双联滑移齿轮；2—外摩擦片；
4—右调整螺圈；5—右摩擦离合器　　　　　　　　　　　3—内摩擦片；4—花键轴

（a）　　　　　　　　　　　　　　　　　　　　　　　（b）

图 2-6　双向多片式摩擦离合器结构

双向多片式摩擦离合器结构由左、右基本相同的两部分组成，如图 2-6 所示。左离合器使主轴正转，正转用于切削，传递的转矩较大，所以片数较多（如图 2-6（b）所示，外摩擦片 2～8 片、内摩擦片 3～9 片）；右离合器使主轴反转，主要用于退刀，片数较少（外

摩擦片4片、内摩擦片5片）。当操纵机构处于中间位置时，左右离合器摩擦片都松开，主轴转动断开，停止转动。

双向多片式摩擦离合器、制动器及其操纵机构工作原理，参见图2-5、图2-6、图2-7、图2-8和图2-9所示。如图2-7所示，内摩擦片2装在轴Ⅰ的花键上（参见图2-6（b）），与轴Ⅰ一起旋转，外摩擦片3的四个凸起部分装在双联滑移齿轮1的缺口槽中，外摩擦片空套在轴Ⅰ上。当拉杆9通过销5向左推动压套7时，使内摩擦片2与外摩擦片3相互压紧，于是轴上的运动便通过内、外摩擦片之间的摩擦力传给齿轮1，使主轴正向转动；同理，当压套7向右压时，可使右离合器的内、外摩擦片压紧，使主轴反转；压套7处于中间位置时，左、右离合器处于脱开状态，这时轴虽然转动，但离合器不传递运动，主轴处于停止状态。

离合器的接合或脱开由手柄21操纵，它位于进给箱及溜板箱的右侧。当向上扳动手柄21时轴20向外移动，扇形齿轮18沿顺时针方向转动，齿条轴17通过拨叉24使滑套10向右移动。滑套10的内孔两端为锥孔，中间为圆柱孔。滑套10向右移动时就将元宝杠杆11的右端向下压。由于元宝形摆块11是用销23装在轴Ⅰ上的，所以这时元宝形摆块11就向顺时针方向摆动，于是元宝形摆块11下端的凸缘便推动装在轴Ⅰ内孔中的拉杆9向左移动，拉杆9通过左端的销5带动压套7，使压套7向左压。所以将手柄21扳到上端位置时，左离合器压紧，这时就可推动主轴正转。同理，将手柄21扳至下端位置时，右离合器压紧，主轴反转。当手柄21处于中间位置时，离合器脱开，主轴停止转动。

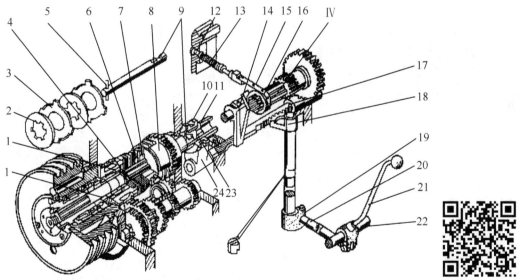

1，8—齿轮；2—内摩擦片；3—外摩擦片；4—止推片；5，23—销；6—调节螺母；7—压套；9—拉杆；
10—滑套；11—元宝形摆块；12—调节螺钉；13—弹簧；14—杠杆；15—制动带；16—压制盘；
17—齿条轴；18—扇形齿轮；19—曲柄；20—轴；21—手柄；22—操纵杆；24—拨叉

图2-7　双向多片离合器、制动器及其操纵机构

多片离合器除了能靠摩擦力传递动力外，还能起过载保险作用。当机床超载时，摩擦片因打滑而使主轴停止转动，从而可避免损坏机床。

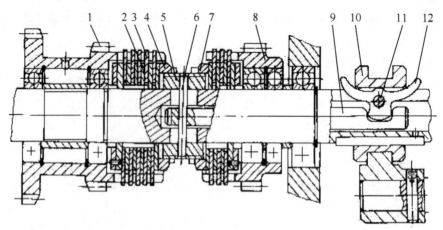

1—双联滑移齿轮；2—内摩擦片；3—外摩擦片；4，7—螺母；5—压套；6—长销；

8—齿轮；9—拉杆；10—滑套；11—销轴；12—元宝形摆块

图 2-8　Ⅰ轴系主体结构图

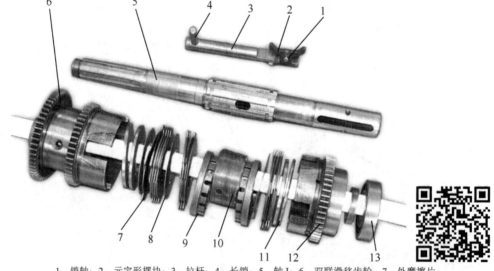

1—销轴；2—元宝形摆块；3—拉杆；4—长销；5—轴Ⅰ；6—双联滑移齿轮；7—外摩擦片；

8—内摩擦片；9—螺母；10—压套；11—止推环；12—单联滑移齿轮；13—轴承

图 2-9　Ⅰ轴系各零件名称

（2）制动器

制动器（刹车）安装在轴Ⅳ上。它的功用是在多片离合器脱开的时刻制动主轴，使主轴迅速停止转动，以缩短辅助时间。制动器的结构如图 2-10 所示。从图 2-10 中可知，它是由装在轴Ⅳ上的制动盘 7、制动钢带 6、调节螺钉 5、杠杆 4 等组成的。制动盘与轴Ⅳ用花键连接。制动钢带 6 为一条钢带，在它的内侧固定一层夹铁砂帆布，以增加摩擦面的摩擦因数。制动钢带 6 的一端与杠杆 4 相连接。

制动器和多片离合器共用一套操作机构。如图 2-5 所示，制动器也是由手柄 7 操作的。当离合器脱开时，齿条轴 14 上的凸起部位正处于与杠杆 5 下端相接触的位置，使杠杆 5 向逆时针方向摆动，将制动带拉紧，使轴 IV 与主轴迅速停止旋转（参见图 2-5）。当齿条轴 14 移向左端或右端位置时，多片离合器接合，主轴旋转。制动时制动带在制动盘上的拉紧程度应适当。如果制动带拉得不紧，就不能起到制动作用，制动时主轴则不能迅速停止；但如果制动带拉得过紧，则摩擦力太大，将烧坏摩擦表面。制动带的拉紧程度由调节螺钉调整。

（a）车床制动机构

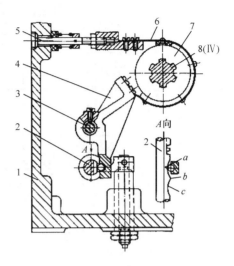

1—箱体；2—齿条轴；3—杠杆支承轴；4—杠杆；
5—调节螺钉；6—制动钢带；7—制动盘（轮）；8—花键轴

（b）

图 2-10 制动器结构

3. 主轴和卡盘（图 2-11）

（a）卡盘在工作

（b）安装卡盘

图 2-11 主轴和卡盘

车床主轴的前端是短锥和法兰，用于安装卡盘座或拨盘，主轴与卡盘座或拨盘的连接如图 2-12、图 2-13 和图 2-14 所示。在图 2-13 中，卡盘座 4 由主轴 3 的短圆锥面定位。安装时，使装在卡盘座 4 上的四个螺栓 5 通过主轴法兰及环形锁紧盘 2 的圆柱孔。然后将锁紧盘 2 转过一个角度，使螺栓 5 处于锁紧盘 2 的沟槽内，拧紧螺钉 1 和螺母 6。这种结构装卸方便，工作可靠，定心精度高，主轴前端的悬伸长度较短，有利于提高主轴组件的刚度，所以得到广泛的应用。主轴法兰上的圆形端键用于传递转矩。

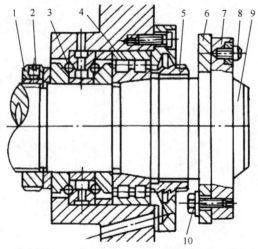

1—圆螺母；2—紧定螺钉；3—推力轴承；4—圆柱滚子轴承；5—圆螺母；6—锁紧盘；

7—法兰（主轴）；8—定位螺钉；9—主轴短锥；10—螺母

图 2-12　主轴系的结构

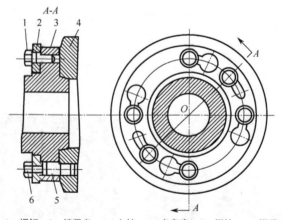

1—螺钉；2—锁紧盘；3—主轴；4—卡盘座；5—螺栓；6—螺母

图 2-13　主轴与卡盘座的连接结构

4．变速操纵机构

主轴箱变速操纵机构用来操纵轴Ⅱ上的双联滑移齿轮和轴Ⅲ上的三联滑移齿轮，以实现 6 种转速。

变速手柄装在主轴箱的前壁上，手柄每转 1 转，可以变换 6 种转速。如图 2-15 所示（参见图 2-16），手柄 6 通过链传动 5、凸轮 3、曲柄 2、杠杆 8 和拨叉 1、9，分别实现轴Ⅱ上的双联滑移齿轮和轴Ⅲ上的三联滑移齿轮的移动。即：

（1）链传动 5—凸轮 3—杠杆 8—拨叉 9—轴Ⅱ上的双联滑移齿轮；

（2）链传动 5—曲柄 2—拨叉 1—轴Ⅲ上的三联滑移齿轮。

图 2-14 主轴与卡盘座的连接结构实物图

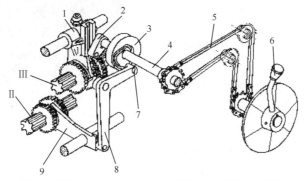

1，9—拨叉；2—曲柄；3—凸轮；4—轴；5—链条；6—手柄；7—圆销；8—杠杆

图 2-15 变速操纵机构示意图（一）

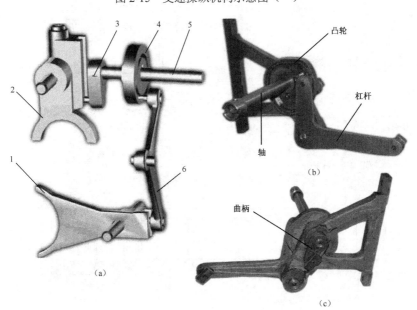

1，2—拨叉；3—曲柄；4—凸轮；5—轴；6—杠杆

图 2-16 变速操纵机构示意图（二）

2.2 主轴箱主要组件的拆装、修复及调试

拆装前的准备工作如下。

1. 熟悉装配图，掌握各零部件的结构特点、装配关系等

主轴箱如图 2-17 所示，是用于安装主轴，实现主轴旋转及变速的部件。图 2-18 所示为 CA6140 型卧式车床主轴箱展开结构图，它是将传动轴沿轴心线剖开，按照传动的先后顺序将其展开而形成的，读图时注意 IV 轴离 III 轴、VI 轴较远。

2. 主轴箱的润滑方式

主轴箱内的零件，如轴承、齿轮采用液压泵循环飞溅润滑。箱体润滑油每 3 个月更换一次。

液压泵输油润滑通常用于转速高、润滑油需求量大、连续强制润滑的机构中。

图 2-17　主轴箱内部结构

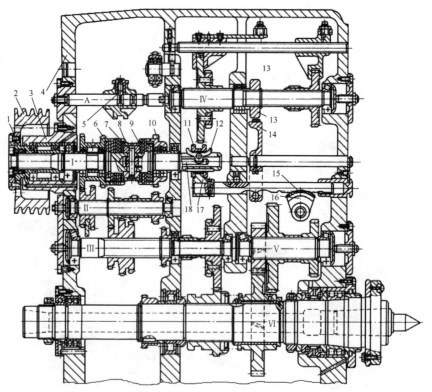

1—花键套；2—带轮；3—法兰；4—箱体；5—钢球；6—齿轮；7—销；8，9—螺母；10—单联滑移齿轮；
11—滑套；12—元宝形摆块；13—制动盘；14—制动带；15—齿条；16—拉杆；17—拨叉；18—扇形齿轮

图 2-18　CA6140 型卧式车床主轴箱展开结构图

3．拆装顺序

要坚持拆卸与装配顺序相反的原则；坚持拆卸服务于装配的原则。如果技术资料不全，拆卸时必须对拆卸过程有必要的记录。

4．装拆工具

扳手类；旋具类；拉出器；手锤类；铜棒；衬垫；弹性卡簧钳，销冲；撬杠等参见表1-2所示。

项目1　Ⅰ轴部件的拆卸和装配

首先熟悉装配图，如图2-19、图2-20所示，弄清楚各零部件的结构位置关系。

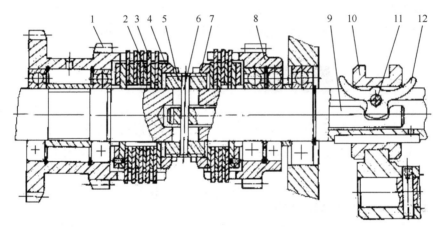

1—双联滑移齿轮；2—内摩擦片；3—外摩擦片；4、7—螺母；5—压套；6—长销；
8—齿轮；9—拉杆；10—滑套；11—销轴；12—元宝形摆块

图2-19　双向多片式摩擦离合器结构图

1—双联滑移齿轮；2，5—左、右多片式摩擦离合器；3，4—调节螺母圈；
6—单联滑移齿轮；7—轴承；8—元宝形摆块；9—销轴；10—普通平键

图2-20　Ⅰ轴零部件名称

1．提问

（1）I轴上的主要部件是双向片式摩擦离合器，它是做什么用的？

（2）正转和反转的摩擦片片数为何不一样多？

（3）I轴上共有3个销，各自的作用是什么？销的材料是什么？

2．I轴上的易损零件

重切削时主轴转速低于标牌上的转速，甚至发生停机现象。产生这种现象的原因很多，其中I轴上的双向多片式摩擦离合器最容易出现问题。

（1）多片式摩擦离合器失效有以下几种情况。

① 多片式摩擦离合器调整过松；摩擦离合器上的弹簧销或调整压力的调节螺母松动。

② 调整好的摩擦片，因机床切削超荷，摩擦片之间产生相对滑动，甚至表面被研出较深的沟道。

③ 摩擦片表面碳硬层被全部磨损。

（2）元宝形摆块、长销、压套、拉杆、滑套等零件严重磨损。

任务 1 I轴部件的拆卸

拆卸前熟悉装配图，除了弄清楚各零部件的结构关系以外，还要弄清楚定位销、轴套、弹簧卡圈、锁紧螺母、螺钉等位置和退出方向。特别指出元宝形摆块位置、滑移齿轮的位置，避免损伤相关零件。

一、拆卸的顺序及注意事项

1．在扳动手柄观察传动时不要将手伸入传动件中，防止挤伤。

2．拆卸的顺序一般是由外向内，从上向下，先易后难。

3．先拆紧固、联结、限位件（顶丝、销钉、卡圆、衬套等）。

4．拆前看清组合件的方向、位置排列等，以免装配时弄错。

5．用手锤敲击零件时，必须在零件上垫好衬垫，或者用铜锤谨慎敲打，绝不允许用锤子直接猛敲狠打，更不允许敲打零件的工作表面，以免损坏零件。

6．直接拆卸轴孔装配时，通常要坚持用多大的力装配，就应该基本上用多大的力拆卸的原则。如果出现异常情况，就要查找原因，防止在拆卸中将零件拉伤，甚至损坏。

7．热装零件要利用加热来拆卸。

8．可以不拆卸或拆卸后可能降低连接质量的零部件，应尽量不拆卸，如密封连接、铆接等；有些零部件标明不准拆卸时，应严禁拆卸。

9．拆下的零部件必须有序摆放整齐，以免互相碰撞、划伤和变形。较小的零件尽量做到键归槽、钉插孔、螺钉、螺母垫片相连接，其他小件盒内装。精密零件要单独存放，轴类零件应悬挂起来，以免变形。必要时，有些零件要标上记号（打上钢印字母），以免装配时发生错误而影响其原有的装配性质。

10．拆卸时防止弄乱关键件的装配关系和配合位置，避免重新装配时精度降低，应在装配件上用划针做明显标记。

二、拆卸方法

在拆卸轴孔装配件时，一般不允许进行破坏性拆卸。机械拆卸经常采用的方法有五种：击卸、拉拔、顶压、温差、破坏拆卸法。

1．击卸法

击卸法是利用锤子或其他重物的冲击能量，把零件拆卸下来的方法。它是拆卸工作中最常见的一种方法，但如果击卸方法不正确零件容易损伤或破坏。如图 2-21 所示。

（a）用冲子和锤子击卸　　　　　　　（b）利用零件自重冲击拆卸

图 2-21　击卸法

采用击卸法时要注意：对于击卸零件要采取保护措施，通常使用铜棒、胶木棒、木棒及木板等保护被击的轴端、套端及轮缘等，如图 2-22 所示。

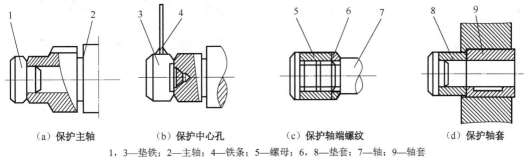

（a）保护主轴　　　（b）保护中心孔　　　（c）保护轴端螺纹　　　（d）保护轴套

1，3—垫铁；2—主轴；4—铁条；5—螺母；6，8—垫套；7—轴；9—轴套

图 2-22　拆卸保护示意图

2．拉拔法

拉拔法是使用专用顶拔器（拉马）把零件拆卸下来的一种静力拆卸法。它具有拆卸件不受冲击力，不易破坏零件，拆卸比较安全等优点，它适用于拆卸精度较高，不许敲击的零件和无法敲击的零件。

（1）顶拔器用于拆卸位于轴端的轴承、带轮、齿轮等零件，如图 2-23 所示、图 2-24 所示。

（a）顶拔器拆卸齿轮

（b）顶拔器拆卸轴承

图 2-23　顶拔器的使用

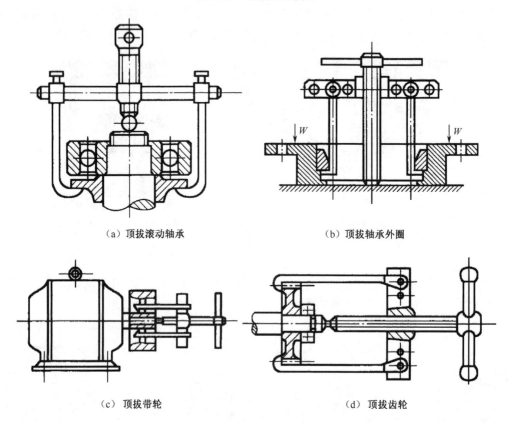

（a）顶拔滚动轴承

（b）顶拔轴承外圈

（c）顶拔带轮

（d）顶拔齿轮

图 2-24　顶拔器拆卸示意图

（2）专用顶拔器用于拉卸主轴，如图 2-25 所示。

（3）拔销器用于拉卸有中心螺纹孔的转轴，如图 2-26 所示。

（4）拉卸时的注意事项如下。

① 仔细检查轴、套上的定位件、紧固件是否完全拆开。

② 查清轴的拆出方向。拆出方向一般总是轴的大端、孔的大端及花键轴的不通端。

③ 防止毛刺、污物落入配合孔内卡死零件。

④ 需要更换的套一般不拆卸，这样做可避免拆卸的零件变形。

⑤ 需要更换的套，拆卸时不能任意冲击，防止套端打毛后破坏配合表面。

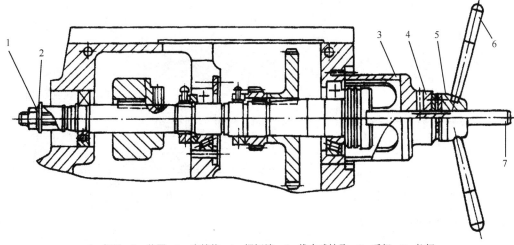

1—螺母；2—垫圈；3—支撑体；4—螺钉销；5—推力球轴承；6—手把；7—拉杆

图 2-25　专用顶拔器拉卸主轴

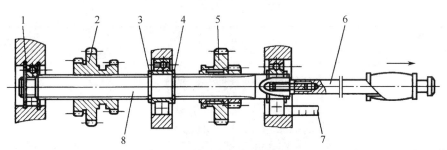

1，3，4—弹性挡圈；2—三联齿轮；5—双联齿轮；6—拔销器（晃锤）；7—钢直尺；8—花键轴

图 2-26　用拔销器拉卸传动轴

3．压卸法

压卸法是利用手压机、油压机进行的一种静力拆卸方法。它适用于拆卸形状简单的过盈配合件。有时还可以采用工艺螺孔、借助螺钉进行顶卸，如图 2-27 所示。

4．热拆卸法

热拆卸法常用于拆卸尺寸较大的零件和热装的零件。例如拆卸尺寸较大的轴承与轴时，往往需要对轴承内圈热油加热后才能拆卸，如图 2-28 所示。在加热前把靠近轴承部分的轴颈用石棉隔离开来，防止轴颈受热膨胀，用顶拔器拉钩扣紧轴承内圈，给轴施加一定拉力，然后迅速将 100℃左右的热油浇注在轴承内圈上，待轴承内圈受热膨胀后，即可用顶拔器将轴承拉出。

5．破坏性拆卸

破坏性拆卸是拆卸中应用最少的一种方法，只有在拆卸热压、焊接、铆接等固定连接件时使用，可采用车、锯、錾、钻、气割等方法进行破坏性拆卸。

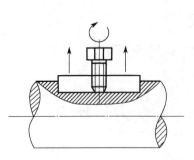

图 2-27　用顶压法拆卸平键

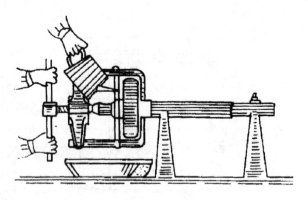

图 2-28　用热油加热轴承内圈拉卸

三、I 轴部件拆卸步骤

1. 拆卸荷套和大带轮（表 2-1）

表 2-1　拆卸荷套和大带轮

拆卸步骤	零件名称	图　　示	说　　明
第一步	拆卸轴端锁紧螺母	（a） （b） （c）	1．用内六角扳手卸下螺钉，如图（a）所示 2．用圆冲和手捶（图（b））或双插销扳手（图（c））卸下轴端锁紧螺母

拆卸步骤	零件名称	图　示	说　　明
第二步	拆卸荷套（花键套筒）和皮带轮		1．用内六角扳手拆卸荷套紧固螺钉
		 （a）  （b）	2．采用压卸法，将两个 M10 螺钉交替旋进螺纹孔内，如图（a）、（b）所示
			3．拆下卸荷套和皮带轮——可根据情况配合拉马等工具，将卸荷套和皮带轮一同拆下
			注意要在卸荷套和带轮上留记号避免装配时错位

2. 将Ⅰ轴部件移出箱体外（表2-2）

表2-2　将Ⅰ轴部件移出箱体外

拆卸步骤	零件名称	图　　示	说　　明
第一步	移动滑套到元宝销右端		1. 调松反转摩擦片——按下控制车床反转离合器弹簧定位销，旋转螺母调松摩擦片
			2. 调松正转摩擦片，与上述方法相同
			3. 使用螺丝刀拨动滑套到元宝形摆块右端
第二步	将Ⅰ轴部件移出箱外		1. 拆法兰螺钉
			2. 采用压卸法或顶拔器（拉马）将Ⅰ轴部件拆卸

续表

拆卸步骤	零件名称	图 示	说 明
第二步	I轴部件移出箱外	 （a）  （b）	3. 将I轴整体移到箱体外，见图（a）、图（b） 注意：在移出轴前要保证I轴和II轴双联滑移齿轮错位，避免损伤轮齿
第三步	拆卸轴承套		使用顶拔器拆卸法兰

3. 拆卸单联滑移齿轮一端零部件（表2-3）

表2-3　拆卸单联滑移齿轮一端零部件

拆卸步骤	零件名称	图 示	说 明
第一步	拆卸元宝销	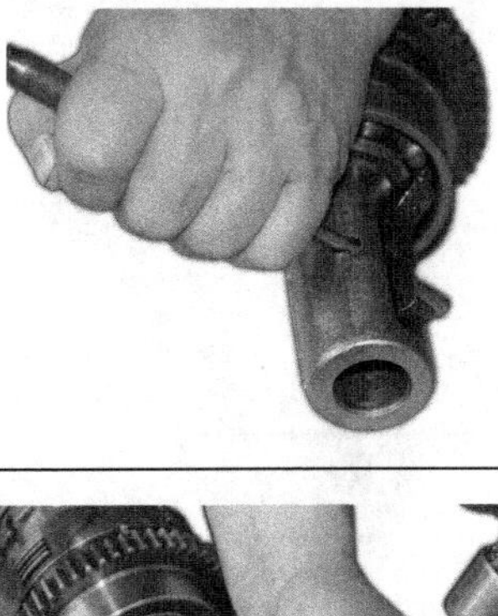	用圆冲子、锤子拆卸元宝销上的圆柱销
第二步	拆卸平键	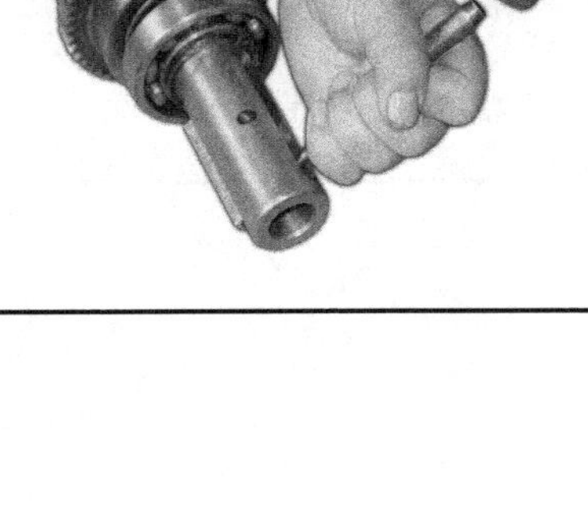	用圆冲子将平键从元宝形摆块槽孔上拆下

续表

拆卸步骤	零件名称	图　示	说　明
第三步	拆卸轴承弹性挡圈		用轴用弹簧钳拆卸轴承弹性挡圈
第四步	拆卸轴承	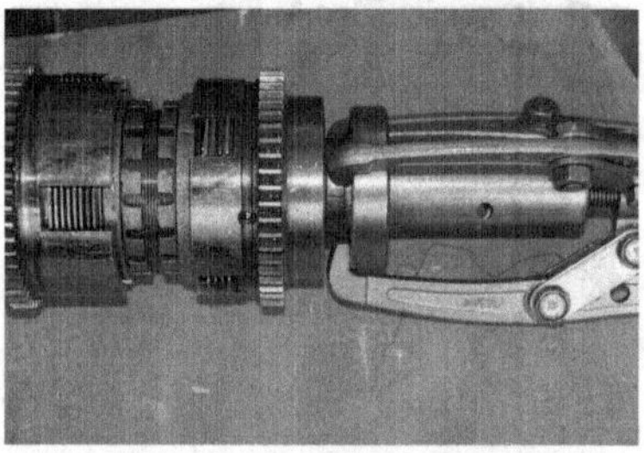 （a） 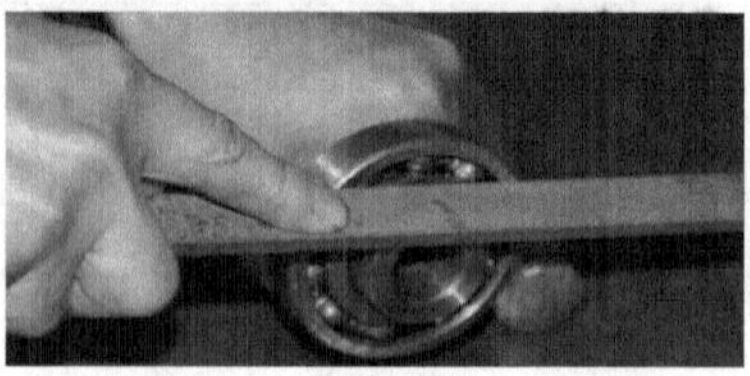 （b）	用顶拔器拆轴承（轴端需加上带中心孔的堵头）如图（a）所示，挫轴承内圈毛刺，也要挫轴端毛刺，如图（b）所示
第五步	拆卸单联滑移齿轮		用重力撞击或拉马拆单联齿轮

续表

拆卸步骤	零件名称	图　示	说　明
第六步	拆两个止推环和摩擦片	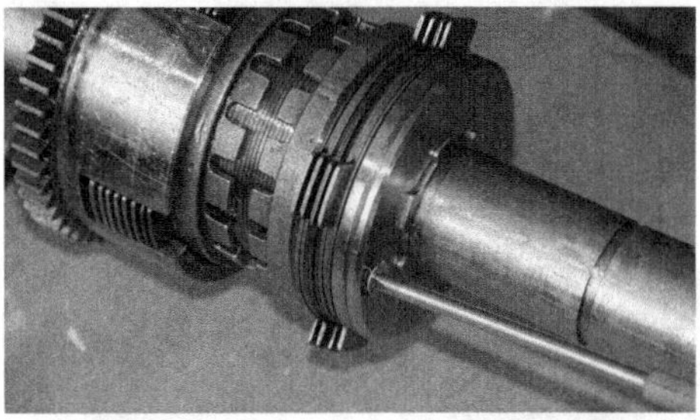 （a） 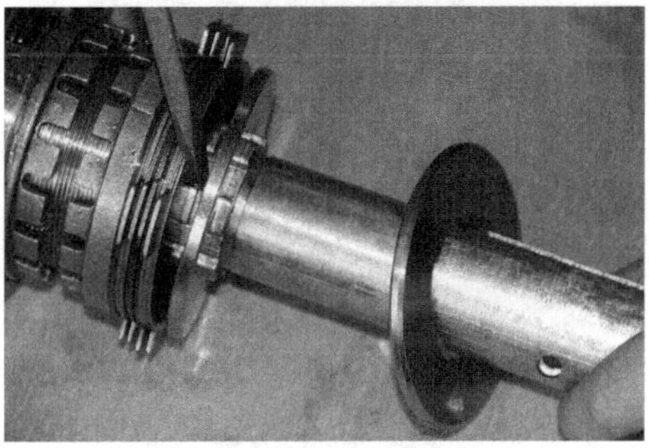 （b）	拆两个止推环和摩擦片，如图（a）、图（b）所示
第七步	拆卸调整螺母	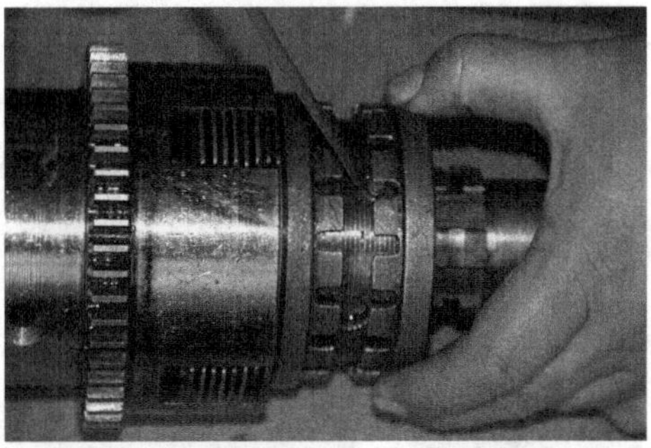 （a） 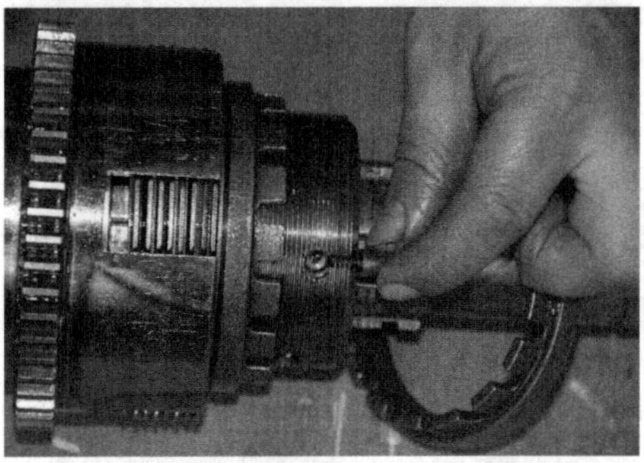 （b）	先按下弹簧定位销、转动调整螺母，完成拆卸，如图（a）、（b）所示

4．拆卸双联滑移齿轮一端零部件（表2-4）

表 2-4　拆卸双联滑移齿轮一端零部件

拆卸步骤	零件名称	图　　示	说　　明
第一步	拆卸双联滑移齿轮	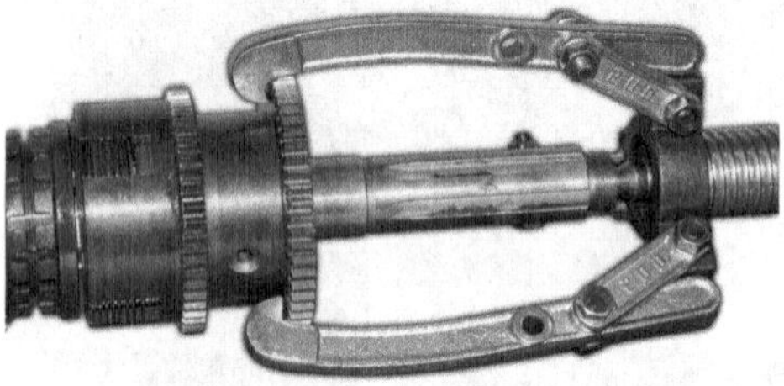	用顶拔器拆卸双联滑移齿轮
			利用重物自动撞击
		 	双联滑移齿轮
第二步	拆卸2个止推环和内、外摩擦片		拆卸 2 个止推环和内、外摩擦片

续表

拆卸步骤	零件名称	图 示	说 明
第三步	拆卸调整螺母	 （a）  （b）	拆卸调整螺母，如图（a）所示 弹簧定位销，如图（b）所示

5．拆卸压套（表2-5）

表2-5　拆卸压套

拆卸步骤	零件名称	图 示	说 明
第一步	拆圆柱销		用圆冲销拆卸压套圆柱销
第二步	拆下压套、拉杆	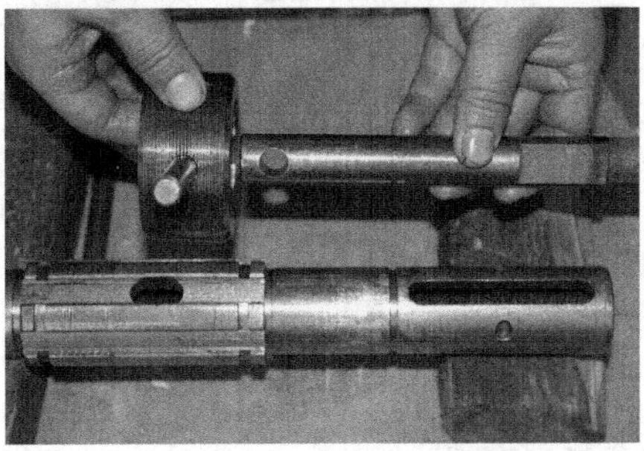	取下压套和拉杆

Ⅰ轴系各零件名称及Ⅰ轴系分解图分别如图2-29、图2-30所示。

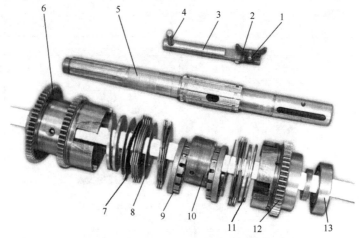

1—销轴；2—元宝形摆块；3—拉杆；4—长销；5—轴Ⅰ；6—双联滑移齿轮；7—外摩擦片；8—内摩擦片；
9—螺母；10—压套；11—止推环；12—单联滑移齿轮；13—轴承

图2-29　Ⅰ轴系各零件名称

图2-30　Ⅰ轴系分解图

轴Ⅰ上的零件卸下后，弄懂轴Ⅰ的传动原理，并配合挂图弄清楚轴Ⅰ上的摩擦离合器的工作原理。

任务2　清理、清洗零部件

零部件拆卸后，必须对其表面的油污、锈垢等脏物进行清理和洗涤，以便看清零件表面的磨损痕迹和其他缺陷，这样才能对零件的各部分尺寸精度、形位精度做出正确判断。零部件装配时，零件表面的灰尘、油污和杂物等也将直接影响装配质量。

一、清洗前的准备

1．熟悉机床说明书，了解所需润滑油的种类、数量及加油位置。

2．清洗的场地必须清洁。

3．准备好所需的清洗液及辅助用具。

4．准备好防火用具，时刻注意安全。

二、清洗液和辅助用具

1．清洗液

清洗液可分为有机溶液和化学清洗液两类。

① 有机溶液包括煤油、汽油、柴油、工业汽油、酒精等。其中汽油、酒精、乙醚等去污、脱脂能力很强，清洗质量好，适用于清洗较精密的零件；煤油、柴油与汽油相比，清洗能力不及汽油，清洗后干燥也慢，但比汽油使用安全。清洗机床零件常采用煤油、汽油、柴油等有机溶剂。

② 化学清洗液包括合成清洗剂和碱性溶液。目前，为了节约燃料，正在大力研究和推广化学清洗液。

2．清洗时的用具

常用的清洗用具有油枪、油壶、油桶、油盘、毛刷、刮具、铜棒、软金属锤、皮老虎、防尘罩、防尘垫、空气压缩机、压缩空气喷头和清洗喷头等。此外还附擦洗用的棉纱、砂布等。

三、清洗方法

清除零件的污垢包括脱脂、除锈、除垢、除涂装层等。

1．脱脂

脱脂方法有：有机溶剂脱脂、合成清洗剂脱脂、碱溶液油脱脂。

最常用的是有机溶剂脱脂清洗零件，常采用煤油、汽油、柴油等有机溶剂。使用有机溶剂可以溶解各种油、脂，既不损坏零件，又没有特殊要求，也不需要特殊设备，清洗成本低，操作简易。

2．除锈

除锈方法有：机械除锈法、化学除锈法、电化学除锈。最常用的是机械除锈法即用钢丝刷、刮刀、砂布等工具或用喷砂、电动砂轮等对零件表面的锈蚀进行去除。

3．清除污垢

设备长期使用后，基础件内积存的切屑、磨屑、润滑油污、冷却水污等也必须进行清理和除垢。清除时，不应乱扔乱倒，清洗后的废油和原系统中的用油应回收再利用，废黄甘油可用锯木屑和擦布清理后，再用煤油清洗、擦净。

4．清除旧涂装层

粗加工面的旧涂装层可采用手持风砂轮机夹钢丝盘方法来清除；精加工表面的旧涂装层可采用布头蘸汽油或橡胶水用力摩擦来清除；高低不平的加工面上的旧涂装层（如齿轮加工面），可采用钢丝刷清除。

四、零部件清洗注意事项

1．清洗的零件干燥后，必须涂上保护油以防止零件生锈。

2．有色金属、精密零件不宜采用强碱溶液浸洗。

3．洗涤及转运过程中，注意不要碰伤零件的已加工表面。

4．洗涤后要注意使油路、通道等畅通无阻，不要掉入污物或沉积污物而影响装配质量。

5．由于零件在使用过程中可能产生毛刺，必须清理掉，这样才能保证装配好的零件正常工作。

6. 对主要零部件（齿轮、轴等）要进行清洗后的检查。

任务3 零部件的修复（检修）方法、更换损伤件

零件拆卸以后，经过清洗，必须及时进行检查，以确定磨损的零件是否需要修换。决定零部件是否修换，一般是根据零件对设备精度的影响情况而定的。对于一般零件，无论是过盈配合还是间隙配合零件，在对设备精度影响不大的前提下，由于拆卸或使用中磨损引起尺寸变化时，可以使配合关系适当改变。通常间隙配合的孔、轴公差等级都可以降一级，如 H8/h7 的配合关系可以适当改为 H9/h8。过盈配合的孔、轴经拆卸后，一般过盈量都会明显减少，但是如果还能保持原配合关系所需最小过盈量的 50%左右，就基本上能满足下一个修理周期的使用要求。否则，就应该进行修换。轴及主要零部件的检修基本要求如下。

一、轴

1. 装配滚动轴承、齿轮或带轮处磨损，可修磨见光后涂镀。

2. 轴上键槽损坏，可根据磨损情况适当增大，最大可按标准尺寸增大一级。结构许可时，允许在原件位置 60° 处另外加工键槽。

3. 装有齿轮的轴弯曲度大于中心距允许误差时，不能用校直方法修复，必须更换新轴。一般细长轴允许校直恢复精度。

4. 花键轴符合下列情况可继续使用，否则应更换新件。

（1）定心轴颈的表面粗糙度 Ra 值不大于 6.3μm，间隙配合的公差等级不超过次一级精度。

（2）键侧表面粗糙度 Ra 值不大于 6.3μm，磨损量不大于键厚的 2%。

（3）键侧没有压痕及不能消除的擦伤，倒棱未超过侧面高度的 30%。

二、圆柱齿轮

1. 齿面有严重疲劳点蚀现象，约占齿长 30%、高度 50%以上，或者齿面有严重明显的凹痕擦伤时，应更换新件。

2. 倒角损伤，在保证齿轮强度前提下，允许重新倒角。

3. 接触偏斜，接触面积低于装配要求时，应换新件。

4. 在齿形磨损均匀的前提下，齿弦后的磨损量主传动轴齿轮允许 6%，进给齿轮允许 8%，辅助传动齿轮允许 10%，超过者应更换。

5. 齿部断裂，中小模数的齿轮应进行更换；大模数（$m>6$）齿轮损坏的齿数不超过 2齿，则允许镶齿；补焊部分不超过齿牙长度的 50%时，允许补焊。

生产实践中常见的齿轮检测有两种，一种是单项检测（分析测量），另一种叫做综合检测（功能性检测）。单项检测的项目一般包括：齿形、跳动、公法线、基节、周节累积误差等。综合检测是用一个精度很高的标准齿轮和被检测的零件啮合，一般检测的项目有：可以对齿面着色，看接触斑点的位置和形状来判断它的啮合状况。不管单项还是综合检测都有专门的仪器和量具来检测。检测常使用的量具有公法线千分尺、游标卡尺、粗糙度对比

样板等。

三、多片式摩擦离合器

摩擦片平行度误差超过 0.2mm 或出现不均匀的光秃斑点时，应更换新件。表面有伤痕，修磨平面时，厚度减薄量应不大于原厚度的 25%，由厚度减薄而增加的片数应不超过两片。

四、滚动轴承

1．内径：单列向心球轴承内径磨损量不超过 0.01mm，圆柱（锥）滚动轴承单位内径磨损量不超过 0.015mm。

2．外径：单列向心球轴承的外径磨损量不超过 0.01mm。

3．滚道：滚动轴承的滚道圆度不超过 0.03mm。

4．内、外滚道或滚动体出现伤痕、裂纹，保持架损坏以及滚动体松动时，应更换新件。

任务4　装配与调整

零部件的装配和调整，就是把经过修复、更换好的以及其他全部合格零件，按照一定的技术标准、一定的顺序装配起来，经调整后达到规定的精度和使用性能要求的整个工艺过程。装配和调整质量的好坏，直接影响车床的性能。

一、对装配工作的一般要求

1．装配前，应对零件的形状和尺寸精度等进行认真检查，特别要注意零件上的各种标记，以免装错。

2．固定连接的零件，不得有间隙；活动连接的零件，应能灵活而均匀地按照规定方向运动。

3．各种运动件的接触表面，必须保证有足够的润滑油，并且油路要畅通。

4．各种变速和变向机构，必须位置正确，操作灵活，手柄位置和变速表应与机器的运转要求符合。

5．高速运动机构的外表面不得有凸出的螺钉头和销钉头等。

6．各种管路和密封件，装配后不得有渗漏现象。

7．每一部件装配完后，必须仔细检查和清理干净，特别是在封闭的箱内（如齿轮箱等），不得遗留任何杂物。

8．试车时，应对各部件连接的可靠性和运动的灵活性等进行认真检查；要从低速到高速逐步进行。要根据试车情况，进行必要的调整，使其达到运转的要求。

二、装配前的准备

1．熟悉装配图和有关技术文件，了解所装机械的用途、构造、工作原理及各零部件的作用、相互关系、连接方法及有关技术要求，掌握装配工作的各项技术规范。

2．确定装配的方法和程序，准备必要的工艺装备。

3．准备好所需的各种物料（如铜片、铁皮、保险垫片、弹簧垫圈、止动铁丝等）。所有皮质油封在装配前必须浸入加热至 66℃的机油和煤油各半的混合液中浸泡 5～8 分钟；橡胶油封应在摩擦部分涂以齿轮油。

4. 检查零部件的加工质量及其在搬运和堆放过程中是否有变形和碰伤。

5. 所有的偶合件和不能互换的零件，要按照拆卸、修理和制造时的记号妥善摆放，以便成对成套的进行装配。

三、典型零部件的装配、检测

1. 螺纹连接的装配

螺纹连接是一种可拆卸的固定连接，它把零件紧固地连接在一起。螺纹连接的装配要点如下。

（1）螺栓、螺钉或螺母与被连接件的贴合表面要平整光滑，保证其接触紧密，否则容易使连接件松动或使螺杆弯曲，在载荷较大时尤为重要。为了提高连接质量，一般情况装上垫圈。

（2）应注意控制预紧力的大小。对于一般要求的螺纹连接，通常凭经验来控制其拧紧力矩的大小，但在拧紧时应注意选用相应规格的工具，不要使用太大的扳手或随意用套管加长扳手，以免使拧紧力矩过大而损坏螺纹（对于公称直径小于 M20 的螺纹连接更要注意这一点）；需要严格控制预紧力大小的重要连接，可以借助于测量拧紧力矩扳手控制预紧力的大小。

（3）拧紧成组的螺纹连接时，应根据被连接件的形状与螺栓的分布情况，按照一定的顺序分次逐步拧紧（一般分 2～3 次），拧紧时应注意施力均匀，以防止螺栓受力不一致，甚至造成变形。拧紧顺序如图 2-31 所示。

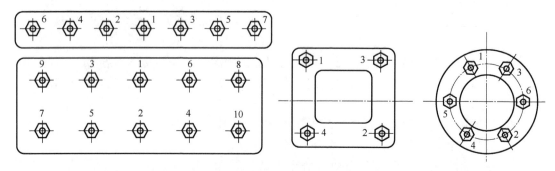

图 2-31 紧成组螺母的顺序

（4）双头螺柱的装配。

在装配双头螺柱时，应保证双头螺柱与机体螺纹的配合有足够的紧固性，在装拆螺母时，螺柱不能有任何松动现象，否则容易损坏螺孔。

双头螺柱的轴线应与机体表面垂直，通常用 90°角尺检测或目测判断，若有较小的偏斜，可把双头螺柱拧出，用丝锥校正螺孔后再装配。

装入双头螺柱时，必须加些润滑油，以免拧入时产生螺纹咬住现象，同时可以防锈，为以后拆卸更换时提供方便。

2．键连接装配

（1）普通平键

普通平键靠键的两个侧面来传递转矩。两侧面为过度配合，装配要点如下。

① 消除键槽的锐边，以防装配时造成较大的过盈。

② 试装配轴和轴上的配件（先不装入平键），以检查轴和孔的配合情况，避免装配时轴与孔配合过紧。

③ 修配键与键槽宽度的配合精度，要求配合稍紧，不得有较大间隙，若配合过紧，则将键侧面稍作修整。

④ 键的底面与轴的键槽底接触，键的顶面和轮毂槽之间有 0.3～0.5mm 的间隙，修锉后使键在长度方向与轴槽之间留有 0.1mm 左右的间隙。

⑤ 将键安装于轴的键槽中，在配合面上应加机械油，用台虎钳夹紧（钳口必须垫铜片）或用铜棒敲击，将键压入轴上键槽内，并与槽底接触。

⑥ 试配并安装配件，若侧面配合过紧，则应拆下配件，根据键槽上的接触印痕，修整配件键槽的两侧面，但不允许有松动，以避免传递动力时产生冲击及振动。

（2）花键

花键连接用于传递较大的转矩。装配要点如下。

① 预装。花键轴具有较高的加工精度，装配前只需用油石将棱边倒角；花键孔一般用拉刀拉削而成，精度也很高。但对于花键孔齿轮，由于齿部高频淬火，会使花键孔的直径缩小，因此，试装后需用油石或整形锉进行修整。

② 装配。修正好后就可以进行装配，由于花键连接的精度较高，在装配过程中对各种因素都要格外细心。

固定连接的花键装配：由于被连接件应在花键轴上固定，所以有少量的过盈。在装配时可用铜棒轻轻敲入，但不得过紧，以免拉伤配合表面。若过盈量较大，可将被连接件加热到 80～120℃后进行装配。

滑动连接的花键装配：被连接件应在花键轴上相对滑动，装配后要求被连接件在花键轴上能灵活移动，没有卡涩、阻滞现象，但也不应过松，用手扳动被连接件，不应感觉有明显的周向间隙。

3．销装配

销主要用于零件之间的定位、紧固传递动力或转矩，还可以用作安全装置中的过载保护元件。

（1）圆柱销的装配

圆柱销主要用于定位，也可用于连接，它依靠过盈量固定在被连接零件的孔中，因此对销孔尺寸、形状、表面粗糙度要求都比较高，所以销孔必须进行铰制。通常是将两个被连接件进行配钻、铰，并使孔壁表面粗糙度值不大于 $Ra1.6\,\mu m$。

装配时应在销的表面涂油，然后用铜棒将销子轻轻打入孔中。圆柱销装入后尽量不要拆，以防影响定位精度和连接的可靠性。

（2）圆锥销的装配

圆锥销的定位精度高，并且可以多次装拆。它与被连接件的配合处有 1:50 的锥度，在装配时，两个被连接件的销孔应进行配钻、铰，钻孔时按圆锥销小头直径选择钻头，钻孔后用 1:50 锥度的铰刀铰孔。为了保证销与销孔有足够的配合过盈量，可在铰孔时用试装法控制孔径，以销子能自由地插入其全长的 80%～90%为宜。用锤子敲入后，销子的大小端可稍露出被连接件的表面。

拆卸圆锥销时，可从小头向外敲出；有螺尾的圆锥销可用图 2-32（a）所示方法拆出；有内螺纹的销子，可用与内螺纹规格相同的螺钉将销子旋出，如图 2-32（b）所示，或是用拔销器拔出。

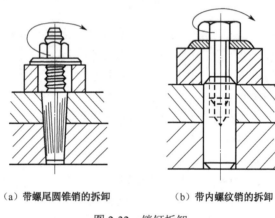

（a）带螺尾圆锥销的拆卸　　　　　（b）带内螺纹销的拆卸

图 2-32　销钉拆卸

4．过盈配合的装配

过盈连接是依靠孔和轴配合后产生的过盈量来达到紧固连接的目的。过盈连接的配合面有圆柱面、圆锥面及其他形式。

（1）过盈连接的装配技术要求

① 必须保证准确的过盈量，以保证装配后达到设计要求。

② 配合表面应有较小的表面粗糙度值。

③ 在装配前，要注意保证配合表面的清洁，同时配合表面必须用油润滑。

④ 压入过程应连续，速度不宜太快（通常为 2～4mm/s），并应准确控制压入行程。

⑤ 压入过程中必须保证轴与孔的轴线一致，应经常用 90°角尺检查，避免倾斜。

⑥ 对于细长件和薄壁件，要特别注意控制过盈量和形位误差，装配时应垂直压入，以防零件变形。

（2）圆柱过盈连接的装配方法

过盈连接的装配方法有两种：压入法和温差法。

① 压入法。常见的压入方法有两类，一类方法如图 2-33（a）所示，是利用锤击的力量，使配合零件做轴向移动。在装入时应在配合表面上加润滑油，并在工件的锤击部位垫上软金属板，锤击力不能偏斜，四周应用力均匀。这种方法简便，但导向性不好，易发生倾斜，仅适用于配合要求较低或配合长度较短的过渡配合连接。

另一类方法如图 2-33（b）、（c）所示，利用工具或压力机械将配合件压装在一起。和前一类方法相比，这种方法导向性好，施力均匀，能装配尺寸较大或过盈较大的零件，而且生产效率高，可用于成批生产。

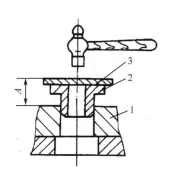
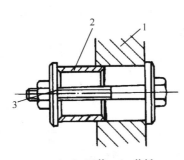
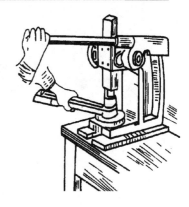

（a）锤击压入工件

1，2—工件；3—垫板
（b）用装配辅具压入

（c）用压力机压入工件

图 2-33　压入法

② 温差法，是利用工件热胀冷缩性质进行装配的方法，包括热胀配合法和冷缩配合法。

热胀配合法（热装，又称红套法），是将孔加热，使之胀大，然后将轴装入，待孔冷却收缩后，孔与轴即形成过盈连接。热胀配合法的加热方法和加热温度应根据过盈量的大小和工件尺寸来选择，对于过盈量不太大的小型零件，通常是将其放入热的润滑油（80～100℃）中进行加热。

冷缩配合法（冷装）　是将轴进行低温冷却使之缩小，通常冷却可在干冰中进行（可冷至-78℃），或在液态氮中进行（可冷却至-195℃），然后与孔进行装配。这种方法能保证零件处理后的金相组织不变化。

温差法在装配时动作应准确迅速，避免因对中不好或操作过慢，导致工件在中途卡死。

③ 圆锥面过盈连接的装配方法

圆锥面过盈连接是利用孔和轴产生相对轴向位移互相压紧而获得过盈配合的。其特点是压合距离短，装拆方便，配合面不易磨损。其常用的装配方法有螺纹拉紧和液压套合法等。

a．螺纹拉紧，如图 2-34（a）所示，依靠螺纹拉紧，使圆锥面相互压紧而获得过盈配合，多用于轴端，常用 1:30～1:8 的锥度。装配前应检查内外锥面的接触面积是否合格（一般要求大于 75%）。装配时配合表面必须十分清洁，并涂上一层润滑油。

b．液压套合法，如图 2-34（b）所示，将手动泵产生的高压油经管路送入轴颈或轮毂专门开出的环形槽孔中，将孔胀大，再加以一定的轴向力，使轴和孔相互压紧，当压紧至预定的轴向位置后，排出高压油，即获得过盈配合。这种方法同样可用于拆卸。

5．V带传动的装配

（1）组装前的准备工作

① 首先要检验各个零件的尺寸、几何形状和表面粗糙度是否达到要求。

② 将带轮及轴清理干净，并按要求准备好连接键。当带轮和轴的配合面是圆锥时，需要用涂色法检验其配合的接触情况，其接触的面积必须达到75%以上，且均匀分布。

③ 带轮与轴装配时要根据要求选择压入的方法和准备好适当的压入工具。

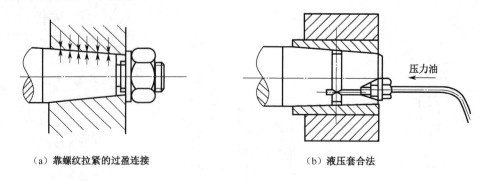

（a）靠螺纹拉紧的过盈连接　　　　　　　（b）液压套合法

图 2-34　圆锥面过盈连接的装配

（2）安装方法和质量检查

① 带轮和轴的装配方法

带轮和轴的连接一般采用过渡配合，其连接形式有图 2-35 所示的几种：图 2-35（a）所示为圆锥形轴头的配合形式；图 2-35（b）所示为圆柱形轴头的配合形式，一般利用轴肩和轴端加挡圈并用螺钉固紧；图 2-35（c）所示为圆柱形轴头采用楔键紧固的装配形式；图 2-35（d）所示为圆柱形轴头采用花键定位的形式，并要在轴端加垫圈后再用螺钉紧定。把带轮压入轴中一般采用以下几种方法。

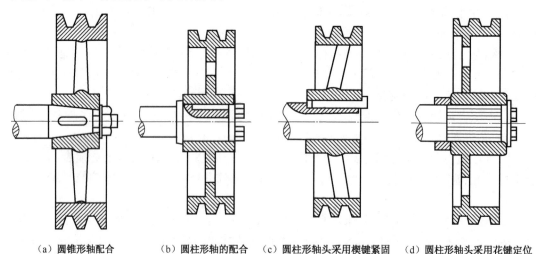

（a）圆锥形轴配合　　（b）圆柱形轴的配合　　（c）圆柱形轴头采用楔键紧固　　（d）圆柱形轴头采用花键定位

图 2-35　带轮的连接形式

a．锤击法　这种方法主要适用于轴颈较小且转动精度要求不高的场合。在进行锤击时，可以使用手锤或大锤，但不允许用锤直接敲击带轮的轮毂，而是要用木块或软金属的垫块垫在轮毂上。

b．螺旋压入法　如图 2-36 所示，螺杆通过金属块将其压力传递给轮毂。

c．压入机压入法　这种方法仅在较大型的带轮装配时采用。为了便于带轮的压入，压入前应在配合面上涂上一层润滑油，这样能够提高装配的质量。

当带轮和轴被安装好后，应对它们的径向圆跳动和端面圆跳动进行检查。一般情况下可以使用划针进行检查，而在要求精度比较高的情况下，就要使用千分表进行检查，具体检查的操作可以参照图 2-37 所示的方法进行。带轮径向圆跳动和端面圆跳动超差的一般原因和消除方法，可参见表2-6。

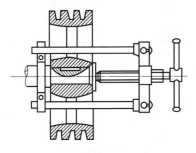

图2-36 螺旋压入法

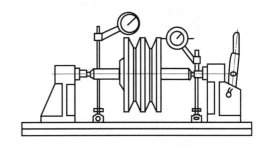

图2-37 带轮径向圆跳动和端面圆跳动误差的检查

表2-6 带轮径向圆跳动、端面圆跳动超差的原因及消除方法

原因	轴弯曲	轴与孔配合间隙过大	带轮孔本身缺陷；带轮孔与其外圆不对称；轮孔中心线与端面不垂直
消除方法	轴校直	在轴和孔间垫薄铜片，也可用喷涂方法增大轴颈或减小孔径	修配或更换带轮

② 一对带轮装配方法

大、小带轮在安装后应对其相互位置的正确性进行检查。带轮相互位置的正确性主要是以带轮轴向偏移量和带轮中心线平行度来衡量的。

带轮轴向偏移量的测量方法有两种，直尺测定法（在中心距不大的场合使用）和拉线测定法，具体方法如图2-38所示。

带轮中心线平行度的检查方法如图2-39所示。通过测量 L_1 和 L_2 及轴向长度为 L，可得每米长度上的平行度误差 $=（L_1-L_2）/L×1000$（L_1、L_2、L 的单位均为 mm）。

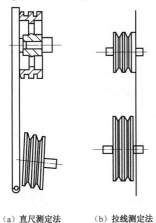

(a) 直尺测定法　(b) 拉线测定法

图2-38 带轮轴向偏移量测量

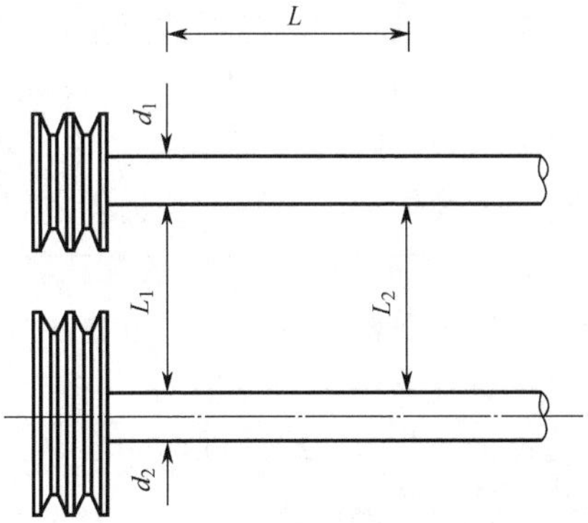

图2-39 带轮中心线平行度测量

③ V 带的安装方法

安装 V 带时，应先将中心距调小，再将 V 带放入轮槽，并调整好中心距。V 带的型号应与轮槽相符，V 带在轮槽中的位置应恰当，如图2-40所示。

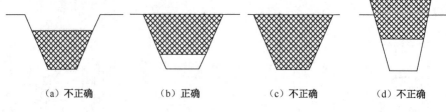

（a）不正确	（b）正确	（c）不正确	（d）不正确

图 2-40　Ｖ带在轮槽中的位置

适当的预紧力是保证Ｖ带正常工作的重要因素。预紧力不足，Ｖ带将在带轮上打滑，使带轮发热，胶带磨损；预紧力过大，则会使Ｖ带的寿命降低，轴和轴承间比压增大，磨损加快。在Ｖ带传动中，Ｖ带预紧力是通过在两带轮的切边中点处，且垂直带边加一个载荷 P，使其产生规定的挠度来控制的，如图 2-41 所示。

④ Ｖ带张紧装置的安装方法

在运行一段时间后，Ｖ带会产生松弛现象，所以在许多场合下，应使用Ｖ带张紧装置来确保Ｖ带能维持在一定的张力下工作。安装Ｖ带张紧装置时，必须注意两个方面：一是应使张紧力适宜，如果过紧，会使Ｖ带加速磨损，缩短使用寿命；二是应使Ｖ带两侧张紧力一致，即张紧轮轴线应与带轮轴线保持平行。

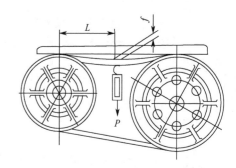

图 2-41　Ｖ带预紧力测量

6．齿轮机构装配

（1）圆柱齿轮机构装配的技术要求

① 齿轮孔与轴配合要适当，不得产生偏心和歪斜现象。

② 齿轮副应有准确的安装中心距和适当的齿侧间隙。齿侧间隙过小，使齿轮转动不灵活，甚至卡齿，且会加剧齿面的磨损；如果侧隙过大，则齿轮换向时会产生冲击。

③ 保证齿轮啮合时，齿面有足够的接触面积和正确的接触部位。

④ 如果是滑移齿轮，齿轮在轴上滑移时，不得发生卡住和阻滞现象，且变换机构应能保证齿轮的准确位置，使两啮合齿轮的错位量不超过规定值。

⑤ 对于转速高的大齿轮，装配在轴上后应做平衡实验，以保证工作时转动平稳。

（2）圆柱齿轮机构装配前的准备工作

对零件进行清洗、去除毛刺，并按图样要求检查零件的几何形状、尺寸、精度、表面粗糙度是否符合要求。经清理好的零件应摆放好，并加以覆盖，以免灰尘污染。

（3）圆柱齿轮机构装配

圆柱齿轮机构的装配过程，一般是先把齿轮装在轴上，再把齿轮轴组件装入齿轮箱内。

① 齿轮和轴的装配、检查

a．齿轮和轴的装配　齿轮与轴的连接形式有固定连接、滑移连接和空套连接三种。

固定连接的齿轮　固定连接的齿轮与轴的配合多为过渡配合（有少量的过盈）。对于过盈量不大在装配时，可用锤子敲击装入；当过盈量较大时可用机械或专用工具进行压装；过盈量很大的齿轮，则可采用液压套合法等装配方法将齿轮装在轴上。在进行装配时，要尽量避免齿轮出现图2-42所示的齿轮偏心、齿轮歪斜和齿轮端面未贴紧轴肩等情况。

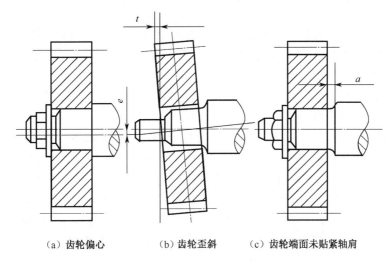

（a）齿轮偏心　　　（b）齿轮歪斜　　　（c）齿轮端面未贴紧轴肩

图 2-42　齿轮在轴上的安装误差

　　空套连接的齿轮与轴的配合性质为间隙配合，其装配精度主要取决于零件本身的加工精度，因此在装配前应仔细检查轴、孔的尺寸是否符合要求，以保证装配后的间隙适当；装配中还可将齿轮孔与轴进行配研，通过对齿轮孔的修刮使空套表面的研点均匀，从而保证齿轮与轴接触的均匀度。

　　滑移齿轮与轴之间仍为间隙配合，在机床中多采用花键连接，其装配精度也取决于零件本身的加工精度。装配前应检查轴和齿轮相关表面和尺寸是否合乎要求；齿轮花键孔，经常因为热处理而使孔的直径缩小，在装配前可用涂色法修整其配合面，以达到技术要求；装配完成后应注意检查滑移齿轮的移动灵活程度，不允许有阻滞，同时用手扳动齿轮时，应无歪斜、晃动等现象发生。

　　b．齿轮和轴装配后的检查　对于精度要求较高的齿轮机构，齿轮装到轴上后，应进行以下内容检查。

　　径向圆跳动和端面圆跳动的检查。

　　径向圆跳动和端面圆跳动的检查方法如图2-43所示，将齿轮支持在 V 形块或两顶尖上，使轴与平板平行。

　　测量齿轮径向圆跳动量时，在齿轮齿间放一圆柱检验棒，将百分表测头触及圆柱检验棒上的母线得出一个读数，然后转动齿轮，每隔3～4个轮齿测出一个读数，在齿轮旋转一周范围内，百分表读数的最大代数差即为齿轮的径向圆跳动误差；

　　检查端面圆跳动量时，将百分表的测头触及齿轮端面上，在齿轮旋转一周的范围内，百分表读数的最大代数差即为齿轮的端面圆跳动误差（测量时注意保证轴不发生轴

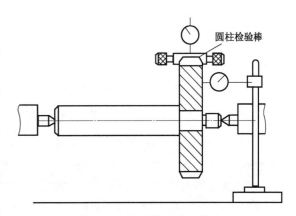

图 2-43　齿轮跳动量的检查

向窜动）。

② 齿轮轴组件装入箱体

齿轮轴组件装入箱体这道工序是保证齿轮啮合质量的关键。因此在装配前，除了对齿轮、轴及其他零件的精度进行认真检查外，对箱体的相关表面和尺寸也必须进行检查，检查的内容一般包括孔中心距、各孔轴线的平行度、轴线与基面的平行度、孔轴线与端面的垂直度以及孔轴线间的同轴度。检查无误后，再将齿轮轴组件按图样要求装入齿轮箱内。

③ 齿轮机构装配质量的检查

齿轮轴组件装入箱体后，其啮合质量主要检查齿轮副侧隙和齿轮副接触精度。

a．齿轮啮合间隙的检查

塞尺法　即用塞尺直接测出齿轮啮合顶隙和侧隙，所得的数值一般比实际偏小。

压铅丝法　是测量齿轮顶隙和侧隙最常用的方法，其测量方法如图 2-44（a）所示，在齿面沿齿宽两端平行放置两根铅丝，对于轮齿较宽时可放 3～4 根，铅丝直径不大于侧隙的四倍，均匀转动齿轮对铅丝进行碾压，测量被碾压后铅丝最薄处的厚度，即为齿轮副法向侧隙。

千分表法如图 2-44（b）所示，将一个齿轮固定，在另一个齿轮上装上夹紧杆 1，来回摆动该齿轮，在千分表 2 上即可得读数为 j，设分度圆半径为 R，指针长度为 L，则齿轮侧隙 $j_n = jR/L$。

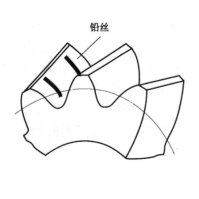

铅丝

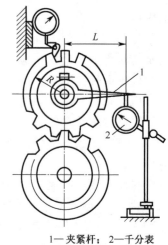

1—夹紧杆；2—千分表

（a）压铅丝检查齿轮副法向侧隙　　　　　　　　（b）千分表检查齿轮副侧隙

图 2-44　齿轮啮合间隙的检查

齿轮副接触精度的检验指标是接触斑点，检验接触斑点一般采用涂色法。将一对齿轮安装后，在大齿轮齿面上均匀涂一层红丹粉，再轻微运转后，使色迹显示出来，根据色迹可以判定齿轮啮合接触面是否正确。装配正确的齿轮啮合接触斑点应在节圆处上下对称分布，如图 2-45 所示。接触印痕的面积大小，由齿轮精度而定，精度要求越高接触面积要求越大。对双向工作的齿轮传动，正反两个方向都应进行检验。

影响齿轮接触精度的主要因素是齿形误差及安装精度。若齿形误差太大，会导致接触斑点位置正确但面积小，此时可在齿面上加研磨剂并转动两齿轮进行研磨以增加接触面积；

若齿形正确但安装误差大，在齿面上易出现图 2-45 所示的各种接触痕迹，这时在分析原因后采取相应措施进行处理。

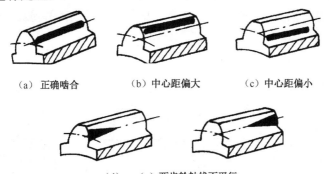

（a）正确啮合　　　（b）中心距偏大　　　（c）中心距偏小

（d）、（e）两齿轮轴线不平行

图 2-45　圆柱齿轮的接触印痕

7．滚动轴承装配

滚动轴承是专业厂生产的标准件，其内径和外径在出厂时均已确定，因此，轴承与轴颈和轴承孔配合的松紧程度是由轴颈和轴承孔的基本偏差决定的。

轴承的装配质量直接影响轴承的使用效果和寿命。如果装配方法不合理，或间隙调整不当，将引起主轴旋转精度下降、刚度差、承载能力降低、产生噪声等不良后果。因此，在滚动轴承的装配与调整中，应合理选择装配方法，并严格按照装配工艺进行操作，以保证轴承能正常工作，并获得预期的使用寿命。

（1）装配前的准备工作

在装配前，应检查轴承型号与图样要求是否一致，并将轴承清洗干净。对于与轴承相配的零件，应在装配前检查相关尺寸（包括倒角大小）是否符合图样要求，以保证配合精度；对于零件表面的毛刺、锈蚀及油污等，应进行认真仔细的清理和清洗，然后涂上一层薄薄的润滑油。

（2）滚动轴承的装配

滚动轴承的装拆方法应根据轴承结构、尺寸大小及轴承部件的配合性质来确定。

① 圆柱孔轴承的装拆　装配圆柱孔轴承时一般多采用压入法。采用压入法装配时，必须保证装配时的压力直接加在待配合的套圈端面上，绝对不允许通过滚动体传递压力。

当轴承内圈与轴配合较紧时，外圈与轴承座孔的配合较松时，可先将轴承装在轴上，再把轴承和轴一起装入轴承座孔中，如图 2-46（a）所示。

当轴承外圈与轴承座孔配合较紧而内圈与轴配合较松时，可将轴承先压入轴承座孔中，如图 2-46（b）所示。

当轴承内圈与轴、外圈与轴承座孔的配合都较紧时，装配套筒同时压紧轴承内外圈端面，使压力同时作用在内、外圈上，把轴承压入轴上和轴承座孔中，如图 2-46（c）所示。

对于过盈量较大的配合及大中型轴承，可采用温差法进行装配。加热装配，即用油浴加热，把轴承预热至 80～120℃，然后进行装配，如图 2-47 所示；冰冷装配，即将装在箱座体内的轴承外环，用干冰进行冷却或将轴承放在零下 40～50℃的工业冰箱里冷却 10～15分钟，使轴承尺寸缩小，然后装入座孔。

② 推力球轴承的装配　推力球轴承上有静圈和动圈之分，动圈内孔与轴为过渡配合，

工作时与轴相对静止；而静圈与轴之间有 0.2～0.3mm 的间隙，工作时与轴有相对转动。装配时一定要使动圈靠在转动件的端面上，静圈靠在静止零件的端面上（如图 2-48 所示），静圈和动圈不允许装反，否则不仅轴承起不到应有的作用，还会因磨损造成轴及轴承的损坏。

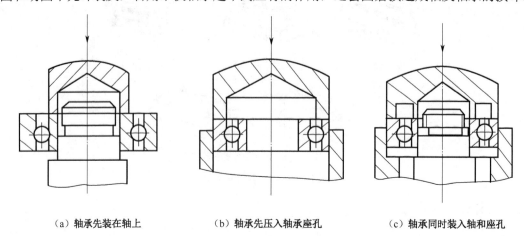

（a）轴承先装在轴上　　　（b）轴承先压入轴承座孔　　　（c）轴承同时装入轴和座孔

图 2-46　滚动轴承的安装

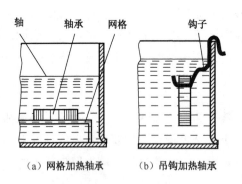

（a）网格加热轴承　　　（b）吊钩加热轴承

图 2-47　加热轴承

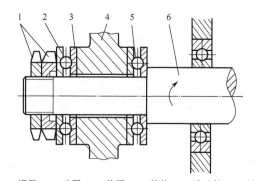

1—螺母；2—动圈；3—静圈；4—箱体；5—滚动体；6—轴

图 2-48　推力球轴承装配

四、I 轴零部件的装配

1. 提问

（1）装配前的准备工作有哪些？

（2）常用的零件清洗液有几种？各用在何种场合？

（3）装配螺纹时常用的工具有哪些？

2. 装配时注意事项

（1）清理、清洗零件必须严格认真地进行。它包括装配前、装配过程中以及试车后的清理和清洗。

（2）装配时各零件间的相互位置基本按先拆后装的原则，特别注意轴承的位置。

（3）有些零件装配中需要进行配划、钻孔、攻螺纹等一些加工。如轴承盖与箱体的装配，其箱体上的螺孔是在装配前与轴承盖相配画线，然后钻孔攻螺纹而成；通常箱体箱盖定位销孔都采用配作。

（4）零件的预装也就是零件的试配，通过预装可以确认零件与零件之间是否具有正确的尺寸关系。过盈连接的零件可不进行预装，但应对其配合尺寸进行认真检查，确保装配后满足技术要求。

（5）对于滚动轴承、销钉等零件要涂抹黄油。

（6）装配时不能乱敲乱打，应垫铜棒或木板。

（7）滑套是否能在元宝形摆块上比较顺畅的滑过。

部件总成及调整。I轴零部件的装配在箱体外进行，各零部件按合理的先后顺序进行装配调整。在这一过程中，应做到边装配边检查，特别是装配比较复杂的零件时，每装完一部分就应检查一下是否符合要求，不要等到全部装完以后再检查，否则，发现问题往往为时已晚，有时甚至难以查出产生问题的原因。

3. I轴零部件装配步骤

（1）装配滑套拉杆（压套拉杆、圆柱销集一体）（表2-7）

表2-7 装配滑套拉杆

装配步骤	零件名称	图　　示	说　　明
第一步	装压套拉杆		注意拉杆位置：拉杆、轴孔、压套孔，三孔一致
			装拉杆，注意槽口方向向上
第二步	装圆柱销	 	装圆柱销要涂润滑脂

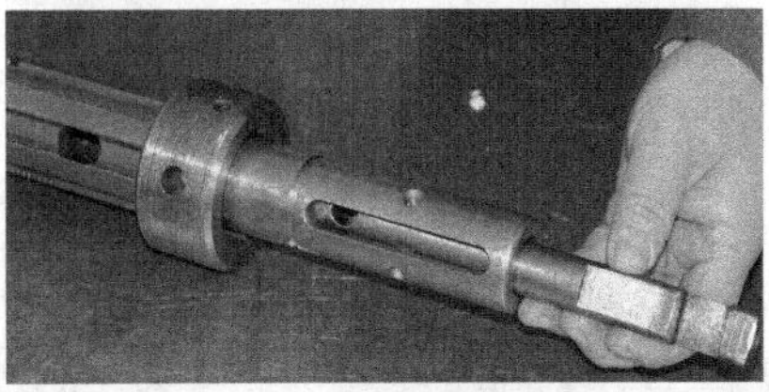

（2）安装双联齿轮一端的调整螺母、摩擦片、止推板及双联齿轮（表2-8）

表 2-8　安装双联齿轮一端的调整螺母、摩擦片、止推板及双联齿轮

装配步骤	零件名称	图　　示	说　　明
第一步	装弹簧定位销和调整螺母	 	装弹簧定位销和调整螺母
第二步	装摩擦片	  	第一张装内摩擦片，第二张装外摩擦片……共有 16 张摩擦片（先动后静）
第三步	装两个止推板	   	要求：先装的止推板与轴割槽配合，相对运动自如

续表

装配步骤	零件名称	图 示	说 明
第四步	装双联齿轮	   	注意轴承分别与轴和齿轮的配合，要符合要求，不能乱敲
第五步	装隔套		

（3）安装单联齿轮一端的调整螺母、摩擦片、止推板及单联齿轮（表2-9）

表2-9 安装单联齿轮一端的调整螺母、摩擦片、止推板及单联齿轮

装配步骤	零件名称	图 示	说 明
第一步	装弹簧定位销和调整螺母	 	调整摩擦片松紧程度

续表

装配步骤	零件名称	图 示	说 明
第一步	装弹簧定位销和调整螺母	 	
第二步	装摩擦片	 	第二张装外摩擦片……(先动后静)
第三步	装两个止推板	 	要求:先装的止推板与轴割槽配合相对运动自如
第四步	装单联齿轮和套圈		与双联齿轮装配方法相同

装配步骤	零件名称	图　　示	说　明
第四步	装单联齿轮和套圈		
第五步	装隔套		

（4）安装单联齿轮一端的轴承、弹簧卡、元宝形摆块和平键（表2-10）

表2-10　安装单联齿轮一端的轴承、弹簧卡、元宝形摆块和平键

装配步骤	零件名称	图　　示	说　明
第一步	装轴承		注意轴承内圈与轴的配合
第二步	装元宝形摆块和柱销	 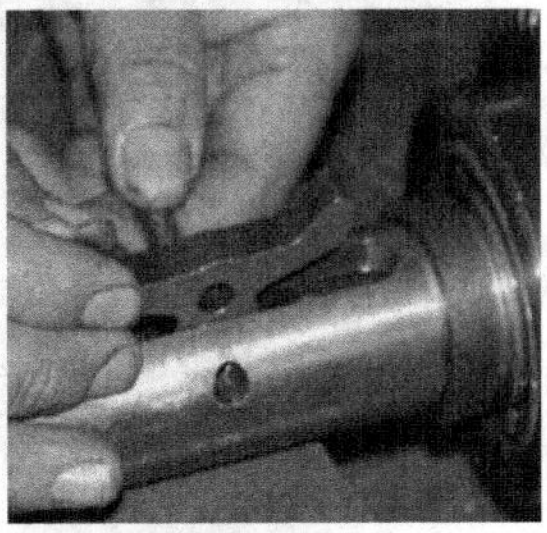	如果位置不对，按下弹簧定位销，调整正、反摩擦片松紧、从而调整拉杆位置，便于安装元宝形摆块
第三步	装配平键	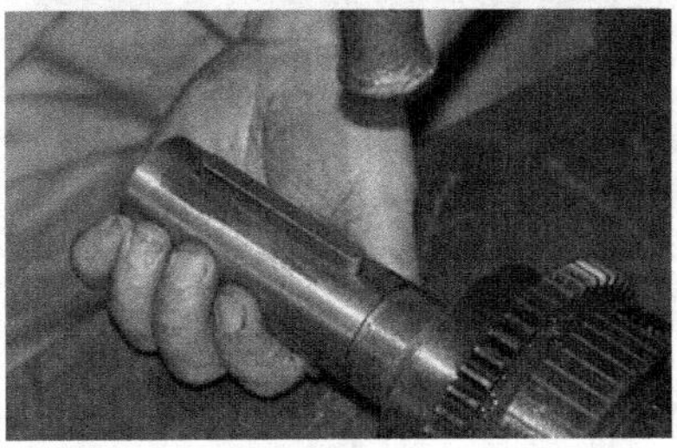	注意普通平键与轴配合，轻轻敲打

（5）将Ⅰ轴系安装到箱内

装箱前注意事项：

① 反复按下元宝形摆块，感觉摆动是否自如，观察正、反向摩擦片松紧程度是否合适，如图 2-49 所示。

图 2-49　反复按下元宝形摆块

② 双联齿轮不能与Ⅱ轴的齿轮相啮合，以免在装配时引起轮齿拆断、齿形变形。

将Ⅰ轴系安装到箱内，见表 2-11。

表 2-11　将Ⅰ轴系安装到箱内

装配步骤	零件名称	图　　示	说　　明
第一步	安装Ⅰ轴组件		主轴箱内部结构
		键槽	注意箱孔内安装元宝形摆块槽
			安装Ⅰ轴组件

装配步骤	零件名称	图　　　示	说　　明
第二步	调整元宝形摆块	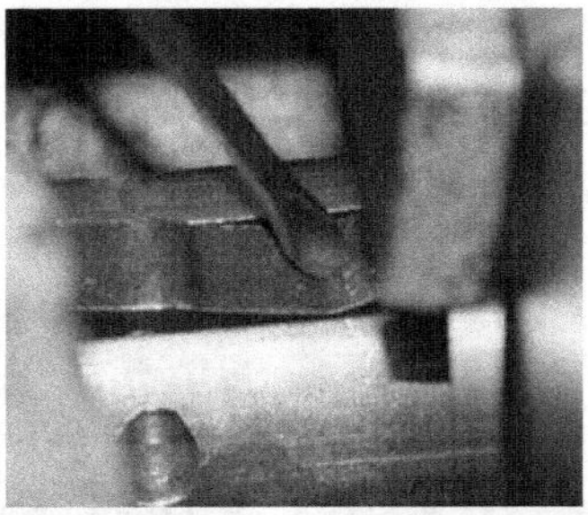	按下元宝形摆块观察正、反向摩擦片松紧程度，滑动是否自如
第三步	安装法兰	 	安装法兰时，法兰与箱壁上的螺纹孔要对准
			拧紧内角螺钉
第四步	安装皮带轮和卸荷套		皮带轮与卸荷套可以装为一体，再进行下一步装配
		 	卸荷套与轴是花键连接　安装卸荷套注意销孔与皮带轮销孔对准

续表

装配步骤	零件名称	图　示	说　明
第四步	安装皮带轮和卸荷套	 	用铜棒敲击卸荷套拧紧内六角螺钉
第五步	拧紧螺母挡圈	 	螺母挡圈紧固轴和卸荷套 可用插板子拧紧螺钉
第六步	调试操纵杆的三个挡位		三个挡位为正传、反转、停车。影响因素：制动器和摩擦片的松紧程度
		  调整螺钉 	调整制动机构
		 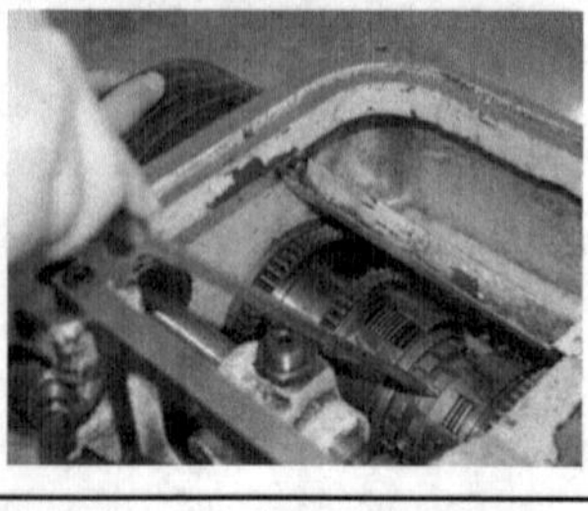	调整摩擦片的松紧程度 调整方法：按下弹簧定位销旋转螺母

五、调整、检验和试车

试车工作：试验机床运转的灵活性、振动、工作温升、噪声、转速、功率等性能指标是否符合技术要求。

1. 双向片式摩擦离合器

双向片式摩擦离合器是用来切断和接通主轴转矩，并使主轴获得正转或反转的离合器装置。摩擦离合器工作时，要求传递正常的转矩。如果调整过松，摩擦片间压不紧，将发生打滑现象，车床动力显得不足，摩擦片间会因摩擦发热而磨损，如果调整过紧，则造成操纵费力，且失去保险作用，停车时，摩擦片不易脱开，严重时，会发生摩擦片被烧损，所以需要调整适当。

调整时，如图2-50所示，先将定位弹簧销2压入螺母1缺口下的圆筒孔内，然后转动螺母1调整间隙。调整后，让定位弹簧销2弹出，重新进入螺母1的缺口中，以防螺母1在工作过程中松脱。

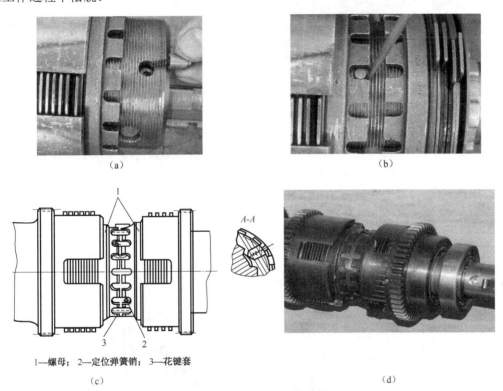

(a)   (b)

1—螺母；2—定位弹簧销；3—花键套

(c)   (d)

图2-50 片式摩擦离合器的调整

2. 钢带式制动机构

钢带式制动机构装在轴IV上。用于克服主轴的回转惯性，使主轴迅速停止，以缩短生产辅助时间，如图2-51所示。

当主轴停转时，摩擦片处于松开状态，钢带上的刹车皮包紧闸轮；当摩擦片压紧时，制动机构钢带上的刹车皮处于松开状态。调整时，就要保证摩擦离合器和制动机构各自应处的状态，否则，将发生机械事故。钢带的松紧程度可调整螺钉5，调整适合后，应检查在压紧离合器时，钢带是否松开，每次调整时都要注意防止钢带扭曲。

3. 变速操纵机构

变速操纵机构是用来变换主轴转速的。变速操纵机构由三个操纵系统组成。如图2-52

所示的六速单手柄操纵机构，它利用一个手柄可同时操纵轴 II 上的双联滑移齿轮和轴 III 上的三联滑移齿轮，得到六种传动比的位置；中间两个手柄组成简式集中操纵机构，来分别控制滑移齿轮的啮合位置。为保证主轴的转速与读数盘的读数一致，装配齿轮 5 和 6 时，必须按规定的齿轮相位啮合装配。

（a）

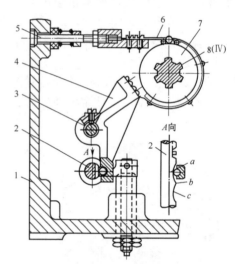

1—箱体；2—齿条轴；3—杠杆支承轴；4—杠杆；
5—调节螺钉；6—制动钢带；7—制动盘；8—花键轴

（b）

图 2-51　钢带式制动机构

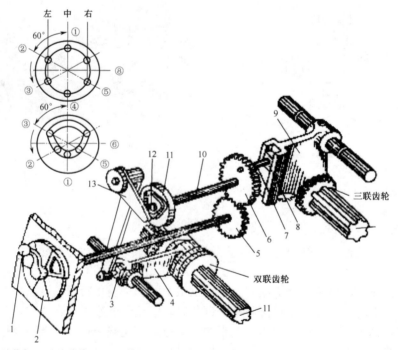

1—手柄；2—读数盘；3，8—滑块；4，9—拨叉；5，6—齿轮；7—偏心销；10—轴；11—凸轮盘；12—滚子；13—杠杆

图 2-52　六速单手柄操纵机构示意图

项目 2 主轴组件的拆卸、装配和调试

首先熟悉装配图，弄懂各零部件的结构关系。如图2-53所示，为方便安装长棒料，主轴为空心阶梯轴。其内孔用来通过棒料或通过气动、电动或液压等夹紧驱动装置。主轴前端安装卡盘或顶尖，用以装夹工件，主轴由电动机经变速传动机构带动其旋转，实现主运动所需转速。（注意：图2-53（a）和（b）两个图中前端的轴承有区别。）

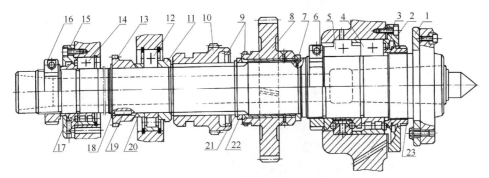

1—锁紧环；2—前轴承端盖；3—密封环；4—轴承；5—轴承；6—圆螺母；7—调整环； 8—斜齿轮；9—齿式离合器；10—滑移齿轮；11—隔套；12—轴承；13—固定齿轮；14—轴承；15—后轴承端盖；16—圆螺母；17—密封环；18—弹性挡圈；19—键；20—隔套；21—弹簧挡圈；22—调整环；23—圆螺母

(a)

1—锁紧环；2—轴承；3—轴承；4—圆螺母；5—调整环；6—斜齿轮；7—齿式离合器；8—滑移齿轮；9—隔套；10—轴承；11—固定齿轮

(b)

图2-53 主轴部件结构

1．提问

（1）主轴上较大的齿轮应怎样取出？

（2）主轴上有3个轴承，名称各是什么？各都承受哪个方向的力？

（3）主轴的转速如何实现？

2．主轴部件经常出现的故障

（1）轴承间隙的调整。

（2）齿轮修复。

任务 1　主轴部件的拆卸

主轴部件拆卸注意事项和方法与Ⅰ轴部件拆卸要求基本相同。在这里特别提示，主轴是车床主要的零件之一，它较大，较重，同时要求有足够的刚度和较高的旋转精度，因此，在拆卸时，要保证有 3 个以上的人员同时抬起或放下以防损坏。

主轴部件的拆卸原则：先拆固定主轴箱的外部零件（先拆大端后拆小端），再拆箱内主轴零件将主轴移出主轴箱外，其步骤见表 2-12。

表 2-12　主轴移出主轴箱外

拆卸步骤	零件名称	图　　示	说　　明
第一步	拆卸卡盘	 	松开紧固卡盘与拨盘 M10 的 3 个螺钉
第二步	拆卸拨盘	 	旋下紧固拨盘与轴和锁紧盘的 4 个 M12 螺母，拆下拨盘

拆卸步骤	零件名称	图　示	说　明
第三步	松开前轴承盖		1．用冲子或铜棒配合锤子旋松前轴承调节圆螺母
			2．旋下紧固前轴承盖和主轴箱体的6个M8螺钉
第四步	旋松推力轴承的调节圆螺母		1．用六角扳手旋松圆螺母上的紧定螺钉
			2．同上述第二步方法旋松调节推力轴承圆螺母
第五步	弹性挡圈移出弹簧槽外		1．用轴用弹簧钳将斜齿轮左侧弹性挡圈移出弹簧槽外
			2．用轴用弹簧钳将固定齿轮左侧弹性挡圈移出弹簧槽外

拆卸步骤	零件名称	图　　示	说　　明
第六步	旋松后轴承的调节圆螺母		1．用六角扳手旋松圆螺母上的紧定螺钉
			2．用钩头扳手旋下后轴承调节圆螺母
第七步	拆卸后轴承盖及密封环	 	旋下紧固后轴承盖与主轴箱体的4个M8螺钉，拆卸轴承盖及隔套（密封环）
第八步	将主轴移出箱外		1．从主轴尾部敲击，同时调整轴上零件的位置，如弹性挡圈

拆卸步骤	零件名称	图　示	说　明
第八步	将主轴移出箱外	 	2．拆卸齿轮 13 与轴周向固定的连接件键
			3．由于键在键槽较紧，采用起键螺钉
		 	4．反复敲击和调整轴上零件的位置

拆卸步骤	零件名称	图　　示	说　　明
第八步	将主轴移出箱外	  	4．反复敲击和调整轴上零件的位置
		  	5．依次在箱内取下各零件：固定在主轴箱后支承座上的双列短圆柱轴承、弹性挡圈、固定齿轮、隔套、单列圆柱滚子轴承的内圈、隔套、滑移齿轮（半齿式离合器）、弹性挡圈、斜齿轮左调整环、斜齿轮右调整环、圆螺母、推力轴承、调整环，双列短圆柱轴承的内环及滚动体固定在主轴上，前轴承调节圆螺母、前轴承端盖、锁紧盘随主轴一同移出。如图2-54、图2-55所示

图 2-54　主轴移出主轴箱

图 2-55　主轴部件上的零件

任务2　清理、清洗零部件

　　零部件的清理、清洗具体要求与Ⅰ轴相同，包括零部件清洗注意事项，清洗前的准备，清洗液和辅助用具，清洗方法。

任务3　确定零部件的修复方法、更换损伤零件

一、主轴

1. 主轴磨损或损坏部位

　　在通常情况下，主轴的主要失效形式是因受外载产生的弯曲变形及配合面的磨损。主轴磨损的部位主要有以下几处：

（1）与轴承配合的轴颈或端面。

（2）与工件或刀具（包括夹头、卡盘等）配合的轴颈或锥孔。

（3）与密封圈配合的轴颈。

（4）与传动件配合的轴颈。

2. 主轴精度的检查方法

主轴在修理前，首先应检验主轴的精度、表面质量及损伤形式。主轴精度检测常用的方法如图2-56所示。

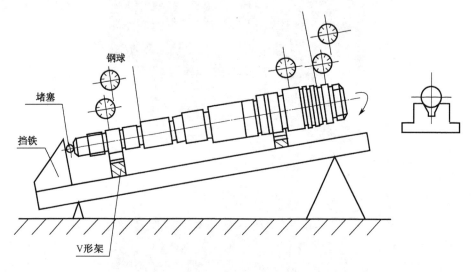

图2-56　主轴精度检测方法

检测前，在车床上装配主轴后端孔堵头，并将堵头装入主轴后端孔中。在专用倾斜底座上固定两个 V 形块，左端固定挡铁，将主轴放在 V 形块上，堵头中心孔处放一钢球与挡铁相接触。固定千分表使其测头与主轴被测表面接触，用手回转主轴进行测量，注意转动主轴时应均匀、平稳，并稍微加点向挡铁方向的轴向力。

如果被测各表面的误差（圆度、同轴度或跳动等）都在允差内，还应用 1∶12 锥度环规涂色检查主轴的 1∶12 外锥，应满足图样要求，然后还应该用千分尺测量各轴颈尺寸是否正确。如果各项检测都没有超差，则主轴可以装配，否则需要进行修复，恢复精度。

3. 主轴的修复

（1）主轴支承轴颈部位。

主轴支承轴颈部位有下列情况时，均应进行修复。

① 表面粗糙度比原设计粗一级或者 Ra 值大于 1.6μm。

② 圆度误差及圆柱度误差超过原设计允差 50%。

③ 前后支承轴颈处的径向圆跳动误差超过允许值。

主轴轴颈修复方法：滚动轴承主轴轴颈磨损后通常需要恢复其原来的尺寸，常用的修复方法是电刷镀、镀铬等。采用电刷镀的方法修复主轴的工艺过程为：电刷镀前，在主轴两端孔中镶入堵头→打堵头上的中心孔→在磨床上以前后主轴轴颈未磨损部分为基准找正→将已磨损需要修复的轴颈磨小 0.05～0.15 mm→在所要修磨的外圆表面电刷镀，单边镀层厚度不小于

0.1 mm→研磨中心孔，磨削电刷镀后的各表面至要求。

（2）主轴的莫氏锥孔磨损。

主轴的莫氏锥孔也容易磨损，在修理时常采用磨削的方法修复其表面精度，修磨后端面位移量 a 值（如图 2-57 所示）不超过表 2-13 中所示的数值。

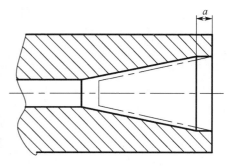

图 2-57　修磨锥孔

（3）主轴变形。

根据变形的程度及主轴的精度要求确定修复方法，对于发生弯曲变形的普通精度主轴，可用校直法进行修复；对于高精度主轴，校直后难以恢复其精度的，则采用更换新轴的方法。

表 2-13　锥孔端面允许位移量

莫氏锥孔	1#	2#	3#	4#	5#	6#
α/mm	1.5	2	3	4	5	6

（4）主轴的螺纹损坏，一般可修小外径，螺距不变。

（5）主轴有严重伤痕、弯曲、裂纹或修理后不满足精度要求时，必须更换新件。

任务4　主轴系装配与调整

一、装配注意事项

1．装配时，各零件间的装配顺序基本上是按照先拆卸后装配的原则进行的。

2．对于滚动轴承、双列短圆柱滚子轴承等要涂抹黄油。

3．装配时不能乱敲乱打，应垫铜棒或木板。

二、主轴系装配顺序

主轴系装配时，一边从主轴箱右端穿入主轴，一边安装零件。各零件位置确定后，拧紧螺钉和锁紧螺母，然后进行轴承间隙调整。

主轴上零件的装配顺序参见装配图 2-53、图 2-54、图 2-55 所示，先安装主轴箱内的三个弹性挡圈（中间轴承 12 两侧及后端轴承 14 右侧）→前端双列圆柱滚子轴承 4 外圈→中间轴承 12 外圈→后端轴承 14 外圈。然后将主轴小直径端从主轴箱右侧孔穿入，并依次套入轴承 4 内圈→推力轴承 5→圆螺母 6→调整环 7→斜齿轮 8→调整环→弹性挡圈→滑移齿轮 10→隔套 11→轴承 12 内圈→隔套 20→平键 19→齿轮 13→弹性挡圈→轴承 14 内圈→密封环 17→垫圈→后轴承端盖 15→圆螺母 23。

图 2-58　主轴

三、主轴上主要零件箱体外预装

检查主轴（图 2-58）上齿轮、轴承等主要零件与轴的配合是否满足要求。主轴上主要零件箱体外预装步骤如表 2-14 所示。主轴部件预装结构如图 2-59 所示。

表 2-14 主轴上主要零件箱体外预装

装配步骤	零件名称	图 示	说 明
第一步	装锁紧盘→圆螺母→轴承4→轴承5		1. 调整圆螺母以确定前轴承4的位置 2. 注意推力轴承5紧环要与轴承4相邻
第二步	装圆螺母→斜齿轮右侧调整环		1. 装圆螺母6 2. 装斜齿轮右侧调整环7，注意调整环与轴的位置，定位销位置要准确
第三步	装斜齿轮→斜齿轮左侧调整环→弹性挡圈		1. 装斜齿轮8 2. 装斜齿轮左侧调整环22。注意调整环上的销子在轴上的位置
			3. 弹性挡圈位置卡在轴槽内
第四步	装滑移齿轮		装滑移齿轮9（内外齿轮），又称齿式离合器

续表

装配步骤	零件名称	图 示	说 明
第五步	装隔套→轴承内圈→隔套		依次装隔套11→轴承内圈→隔套20
第六步	装普通平键		装普通平键19，注意配合
第七步	装固定齿轮		齿轮13与轴的配合符合图纸要求
	装弹性挡圈		装弹性挡圈18

图 2-59 主轴部件预装结构

四、主轴部件装配

主轴部件装配如表 2-15 所示。

表 2-15　主轴部件装配

装配步骤	零件名称	图　示	说　明
第一步	装锁紧盘→圆螺母→轴承→前轴承	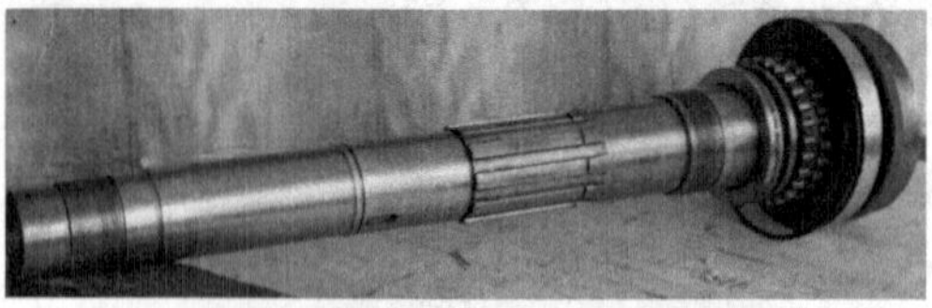	装锁紧盘→圆螺母→轴承4→轴承5，在主轴箱外完成（轴承与轴的配合）
第二步	装调整圆螺母		将主轴装入箱体内，装调整圆螺母6，使4，5轴承到合适位置
第三步	装斜齿轮右侧调整环		斜齿轮右侧调整环7位置要准确
第四步	装斜齿轮		斜齿轮8与轴配合（H7/H6）
第五步	装斜齿轮左侧调整环→弹性挡圈		装斜齿轮左侧调整环22、弹性挡圈21，注意零件的位置
第六步	装滑移齿轮→隔套	 　滑块	注意：滑移齿轮的槽与滑块对中

续表

装配步骤	零件名称	图 示	说 明
第七步	装配轴承		调整轴承位置
第八步	装配普通平键		观察键19的两侧与轴键槽两侧的配合情况
	装普通平键		用铜棒敲打，观察键的两侧与轴键槽的配合情况
第九步	装固定齿轮		观察键的两侧与齿轮13和轴的键槽的配合情况
第十步	装配弹性挡圈		装弹性挡圈轴向固定齿轮，将弹性挡圈18卡在轴槽上
			将弹性挡圈卡在轴槽上

续表

装配步骤	零件名称	图　示	说　明
第十一步	装配轴承→密封环		调整后轴承位置
第十二步	装后轴承盖		配后轴承盖 15，用内六角扳手拧紧
第十三步	装前轴承盖		前轴承盖 2，用内六角扳手拧紧
第十四步	装圆螺母		钩头扳手拧圆螺母 16，同时调整主轴及轴承
第十五步	调整主轴和轴承游隙		用钩头扳手拧圆螺母以调整主轴位置及轴承（通常情况先调整前端轴承游隙）
	拧紧螺母上的紧定螺钉		拧紧螺母上的紧定螺钉以确定轴承的游隙

装配步骤	零件名称	图　　示	说　　明
第十六步	装卡盘座	(a) (b) (c) (d)	注意： 1．主轴端的锥度（图（a））与卡盘座孔的锥度（图（b）） 2．拧在卡盘座上的螺钉穿过主轴上法兰和锁紧盘3的孔 拧紧螺钉使卡盘座固定在主轴上。注意螺钉头穿过锁紧盘的孔后，将其钉头旋至图（c）所示位置

续表

装配步骤	零件名称	图　　示	说　　明
第十七步	装配卡盘		卡盘上螺纹孔中心与卡盘座上的通孔要对中
		对中标记	卡盘上螺纹孔与卡盘座孔对中标记如图所示

主轴箱内部结构如图 2-60 所示。

图 2-60　主轴箱内部结构

五、调整、检验和试车

主轴部件应具有较高的旋转精度及足够的刚度和良好的抗震性。主轴采用三支承结构，前支承精度比后支承高一级。前后轴承间隙大小也直接影响了主轴的旋转精度和刚度，因此轴承间隙的调整是机床维修很重要的一个环节。

1. 轴承调整和检验

主轴的回转精度包括径向跳动及轴向窜动两项。径向跳动、轴向窜动安装精度规定为 0.01mm。径向跳动影响加工工件表面的圆度；轴向窜动影响加工工件端面平面度和螺距；一般调整前支承的间隙。

（1）径向轴承的调整检验

如图 2-61 所示，径向跳动主要由主轴前支承端的双列短圆柱滚子轴承 7 保证，其轴承具有刚度好、承载能力大，旋转精度高，只承受径向力等优点，且内圈较薄，内孔为 1:12 的锥孔，可通过相对主轴轴颈的轴向移动来调节轴承间隙，有利于保证主轴有较高旋转精度。

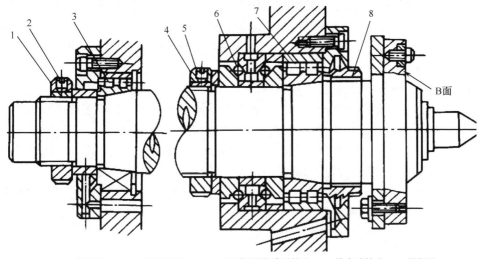

1，4—圆螺母；2，5—紧定螺钉；3、7—双列短圆柱滚子轴承；6—推力球轴承；8—圆螺母

图 2-61　主轴系结构图

由于前轴承的内孔具有 1:12 的锥度，轴承的内外滚道之间具有原始的径向间隙。调整时，逐渐旋紧圆螺母 4，通过衬套使轴承内圈在主轴锥面上做轴向移动，迫使内圈胀开，使轴承内外滚道之间的间隙在 0～0.005mm 范围内。该间隙的检查方法如图 2-62 所示，先将主轴箱压紧在床身上，再把磁性表座吸于箱体上，使千分表测头触及主轴轴颈处，用杠杆稍用力撬动主轴，检查千分表的示值是否合格，并用手旋转齿轮，应感觉主轴灵活自如无阻滞。

（2）推力轴承的调整检验

轴向窜动主要由前支承处两个推力球轴承保证。两个推力球轴承，用于承受两个方向的轴向力。若工作中发现因轴承磨损使间隙增大时，必须及时进行调整。

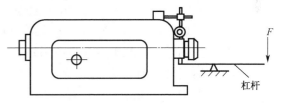

图 2-62　主轴径向间隙的检查方法

先将圆螺母 1 上的紧定螺钉 2 松开，旋转圆螺母 1 用百分表测头触及主轴前台肩 B 面，用适当的力前后推动主轴，保证推力球轴承 6 的轴向间隙在 0.01mm 之内。同时，用手转动齿轮，若感觉不灵活，可用铜棒（或木锤）在主轴的前后振击一下，直至手感觉主轴旋转灵活自如无阻滞即可。最后锁紧圆螺母 1，固定紧定螺钉 2。

轴承调整后应进行一小时的高速空运转试验，主轴轴承温度不得超过 70℃，否则应稍稍松开螺母，注意在调紧螺母时应先松开上面的固定螺钉。

2．主轴的试车调整检验

试验机床运转的灵活性、振动、工作温升、噪声，转速、功率等性能指标是否符合技术要求。

试车调整是将主轴部件空运转至温升到最高值并稳定后，对主轴进行的迅速、准确的调整。通过试车调整，可以提高主轴的旋转精度和刚度，从而提高加工工件的精度并减小加工表面的粗糙度数值。试车调整的方法如下。

（1）打开主轴箱盖，在主轴箱内按要求加好润滑油。

（2）适当旋松圆螺母 4 和圆螺母 1，用木锤在主轴前端适当敲击，使轴承保持间隙在 0.025～0.050mm。

（3）在主轴锥孔内紧密地插入检验棒，在中滑板上固定好百分表。用手试转主轴灵活无阻滞现象后，记录好百分表数值，取下检验棒，盖上箱盖，从低速到高速空运转，并在高速下空运转不少于 1 小时，使主轴箱温升至最高值并保持稳定。

（4）停车后，插入检验棒，将百分表测头触及检验棒母线，然后用杠杆撬主轴前端，从百分表上可测量出主轴的径向间隙大小，与运转前的数值进行比较。

（5）打开箱盖，松开圆螺母螺钉，先调后轴承圆螺母 1，再调前轴承圆螺母 4，根据撬动主轴显示的径向间隙，逐渐旋紧圆螺母 1 和 4，使主轴的径向间隙调至 0～0.02mm，然后锁紧圆螺母的锁紧螺钉，并盖好主轴箱盖。

思考题

1．卧式车床修理前应做好哪些技术准备？

2．卧式车床修理后主要达到哪些技术要求？

3．怎样实现主轴变速？

4．车床上常用哪几种润滑方式？主轴箱采用的有几种润滑方式？

5．拆卸零部件应注意哪些事项？

6．车床开停和换向装置有哪几种？CA6140 卧式车床采用哪种装置？

7．多片式摩擦离合器有何作用？过紧或过松有何不妥？

8．多片式摩擦离合器摩擦片之间的间隙如何调整？

9．主轴箱内钢带式制动器的作用是什么？

10．常用清洗液有几种？

11．对装配工作的基本要求是什么？

12．齿轮传动有何特点？

13．销连接有什么特点？拆卸销时所用的工具叫什么？

14．螺纹连接经常使用的工具有哪些？

15．方形、圆形布置的成组螺母的拧紧顺序是什么？

16．键连接有何特点？根据结构特点和用途的不同，键连接分哪几种类型？

17．主轴箱装配前应做好哪些准备工作？

18．主轴上有几个轴承？各个轴承的代号和作用是什么？如何装配和调整？

第 3 章

车床其他主要零部件的
修理与调试

知识目标- -

1. 了解床身导轨维修的常用方法和操作技能。
2. 了解床身导轨精度检验项目和方法。
3. 了解溜板部件的修理过程。
4. 初步掌握中滑板（中拖板）的修复方法和检测。
5. 初步掌握刀架部件的修复方法和检测。
6. 了解进给箱部件的修理过程。
7. 初步掌握尾座部件的修复方法和检测。

任何一种设备，经过长期使用后，各种各样的故障就会不断出现。车床也不例外，造成这些故障的原因很多，如零件的自然磨损、零件的材质不良、部件组装不当、操作不按规程等都会引发故障。由于引发故障的原因错综复杂，任何一本技术资料都不可能把各种故障全部详细地列出来，也不可能把各种故障的排除方法全面详细地列出来。检修人员只有系统地学习基础知识，根据机床的构造原理，结合典型故障的分析处理模式，用推理和综合分析及维修经验积累等方法来解决各类故障。

在车床修理工作中，经常遇到确定零件是否更换还是修复的问题。不该修换时，修了或换了，则没有充分利用零件寿命而造成浪费；该修换的没有修换，则会使修理后设备的精度、性能和寿命达不到技术要求，增加返修、故障停机和修理工作量。显然，零件的修换问题对设备的可靠性，修理的内容、工作量和计划性，修理的经济性都有重要影响。但确定零件失效的极限及修换原则是一个复杂的问题，无法规定统一标准。确定零件是否修换一般遵守以下几个原则，读者可根据所修理的车床的精度检验标准灵活掌握。

1. 对车床精度的影响

有些零件直接影响车床的精度，使车床达不到加工精度的要求，就应考虑修换。如主轴及其轴承、导轨、丝杠副、齿轮等，都是影响车床精度的主要零件，应根据零件的磨损情况及其对车床的工作精度影响情况来决定修换。

2．对完成预定使用功能的影响

当有的零件不能完成预定的使用功能时，如离合器不能按规定接通和断开传动系统、不能传递足够的扭矩，凸轮机构不能保持预定的运动规律，液压装置不能达到预定的压力和压力分配等，就应考虑修换。

3．对车床性能的影响

有的零件虽然还能完成预定的功能，但是降低了车床的性能，如齿轮还能传递预定的扭矩和运动，由于磨损严重，噪声和振动加大，效率降低，传动平稳性大大下降，应该考虑修换。

4．对车床生产率的影响

使车床不能使用较高的切削用量，增加了空行程的时间，增加了操作人员的劳动强度，自动装置失常，废品率上升等，使车床生产率显著下降，应考虑修换有关零件。

5．对磨损条件恶化的影响

零件磨损发展到急剧磨损阶段，除本身磨损急剧上升外，还破坏了正常的配合、啮合和传动条件，效率下降，发热量大增，润滑失效，造成配对件急剧磨损、零件表面拉伤，直到咬住或断裂。如零件表面硬化层被磨掉或脱皮、配合的间隙过大和表面拉伤、零件表面疲劳剥蚀等，应及时修换有关零件，保护较贵重的配对件。

6．对零件强度和刚度的影响

强度和刚度是一些零件正常工作的条件，这些零件允许达到其强度和刚度的最小值。如传动蜗轮、丝杠螺母副、离合器的拨叉等，因磨损严重而可能破坏时，必须修换。零件刚度下降引起精度下降或破坏了正常工作条件时，应修换。对安全性要求高的设备，如锻压设备、起重设备、高温或高压设备的有关零件，强度下降、出现裂纹等必须修换，否则将引起严重事故。

7．从经济性上加以分析考虑

以上原则中，前四个原则是根据零件对整台车床的影响，5、6两个原则是考虑零件自身正常工作的条件。按这些原则考虑时，一些零件接近失效极限，但尚未达到失效极限时，就要考虑其剩余寿命对今后使用维修的影响，从经济上分析是否应该修换和什么时间修换最适宜。对允许事后维修的设备零件可使用到其寿命极限；对于维持不了一个修理间隔期的设备零件，而拆装修换劳动量大、停机损失大、对生产影响大，又无替代设备时，应该修换；对安全性高的设备和装置，又无可靠的监测手段，实行定期修换，而不过多考虑其剩余寿命。当相对修理成本低于相对新制件成本时，应考虑修复。

零件是修复还是更换还受一些其他因素的影响，如工厂的制造工艺水平和修复工艺水平。修复工艺水平不但影响修复方法的选择，也影响修复和更换的选择；备件的储备和采购条件的影响；计划停机时间的限制等。又如车床故障停机或事故停机，要进行抢修，时间是主要矛盾，有备件就马上更换，无备件时就要比较购买、修复和新制哪种方法时间最短。对一些复杂贵重的零件，一时因材料、工艺条件的限制无法换新时，就要努力创造条件修复或外委进行修复。更换下来的旧件，有修复价值的，应该尽量修复，作为备件。

CA6140车床组成如图3-1所示。

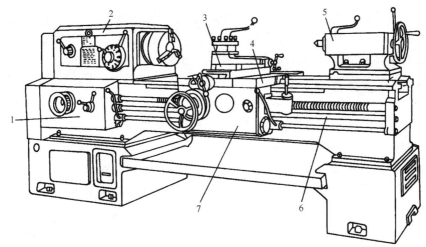

1—进给箱；2—主轴箱；3—刀架；4—床鞍；5—尾座；6—床身；7—溜板箱

图 3-1　CA6140 车床外形

任务 1　床身导轨的修理

床身导轨是卧式车床的基础部件，也是车床上各部件移动和测量的基准。车床导轨精度状况直接影响车床加工精度，导轨的精度保持性对车床使用寿命的影响最大。在使用过程中，由于床身导轨暴露在外面，直接与灰尘和切屑接触，导轨的润滑状况难以得到保证，导轨的磨损是不可避免的。床身导轨的修复是车床大修理中必须实施的工作之一。

一、修复方案的确定

床身导轨的修复方案是由导轨的损伤程度、生产现场的技术条件及导轨表面材质的情况决定的。导轨表面的大面积磨损，可用磨削、精刨、刮研等方法修复；导轨表面的局部损伤可用焊补、粘补、涂镀等方法修复。在机床的大修理中经常遇到的是床身导轨磨损的情况。

1. 确定导轨的修复加工方法

当床身导轨磨损后，可选用的修复方法有几种，选用时应考虑各种方法的可行性和经济性。对于 CA6140 型车床的床身导轨，一般采用磨削修复的方法为：对于长导轨或经过表面淬火的导轨，多采用磨削加工的方法修复；对于磨损较严重的导轨可用精刨的方法修复；对于磨损较轻的导轨多用刮削的方法修复。

2. 导轨修复基准的确定

经过一个大修期的使用，床身导轨面受到不同程度的磨损，使其原加工基准失去精度，因此，需重新选择基准。在选择床身导轨的修复基准时，通常选择磨损较轻的或导轨在加工时一次装夹加工出而又没有磨损的表面作为导轨测量基准，在车床床身导轨的修理中，可以选择齿条安装面或原导轨上磨损较轻的面作为导轨修复时的测量基准。在生产实际中，刮削时多采用前者，磨削时多采用后者，CA6140 型车床常采用后者。

3. 确定尺寸链中补偿环的位置的方法

导轨表面加工后，必然使在导轨表面安装的各部件间的尺寸链发生变化，这种变化会影响车床运动关系和加工精度，因此，必须采取措施予以恢复。恢复尺寸链通常采用增设补偿环法，补偿环的位置可选择在固定导轨面上，也可选择在移动导轨面上，为了减少工作量，通常补偿环的位置选择在较短的相对移动的导轨面上。

二、床身导轨的修理工艺

车床床身导轨的修复，主要采用磨削和刮削两种工艺方法。

1. 床身导轨的磨削

车床床身导轨的磨削可在导轨磨床或龙门刨床（加装磨削头）上进行。磨削时将床身从床腿上拆下后，置于工作台上垫稳，并调整水平，然后进行找正。

床身导轨找正时，可以选择齿条安装面为直线度基准，如图 3-2 所示，齿条安装面也可以作为进给箱安装平面与导轨等的基准。具体方法是：将千分表座固定在磨头主轴上，触头靠在床身基准面上移动砂轮架（或工作台），使表针摆动不大于 0.01mm；再用直角尺紧靠进给箱安装平面，表触头触在直角尺另一边上，转动磨头，使表针摆动近于零。找正后将床身夹紧，夹紧时要防止床身变形。

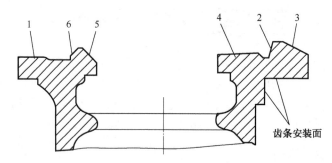

图 3-2　车床床身导轨截面图

在磨削过程中应首先磨削导轨面 1、4，然后磨削压板导向面，再调整砂轮角度，磨削导轨 2、3、5、6 面。磨削时应采用小进给量多次走刀法，防止导轨表面温升过高，以手感导轨面不发热为好。若导轨表面温升过高，会引起导轨产生热变形，降低床身的精度。

床身导轨修磨后，需使导轨面呈中凸状（导轨中间部分易磨损），导轨面的中凸可用三种方法磨出：

（1）反变形法。安装时使床身导轨适当变形产生中凹，磨削完成后床身自动恢复变形形成中凸。

（2）控制吃刀量法。在磨削过程中使砂轮在床身导轨两端多次走刀，然后精磨一刀形成中凸。

（3）靠加工设备本身形成中凸。将导轨磨床本身的导轨调成中凸状，使砂轮相对工作台走出凸形轨迹，这样在调整后的机床上磨削床身导轨时即呈中凸状。

2. 床身导轨的刮削

床身导轨的刮削需按以下步骤进行。

（1）床身的安装

将床身置于调整垫铁上（调整垫铁的位置和数量按机床说明书的规定），在自然状态下，测量床身导轨在垂直平面内的直线度误差和两条导轨的平行度，并将误差调整至最小数值，记录运动曲线,如图3-3所示。

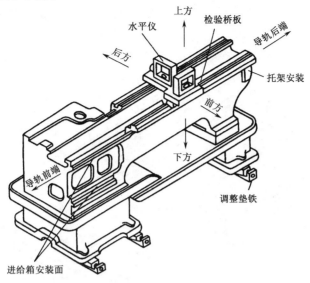

图 3-3 车床床身的安装

（2）床身导轨测量

刮削前测量导轨表面 2、3 对齿条安装面的平行度（图3-4）。

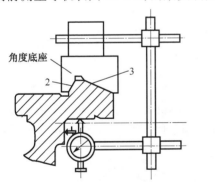

（a）V形导轨对齿条安装面平行度的测量

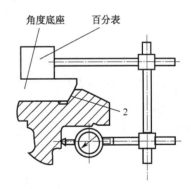

（b）导轨面2对齿条安装面平行度的测量

图 3-4 导轨对齿条安装面平行度的测量

分析该项误差与床身导轨运动曲线之间的相互关系,确定修理方案。在刮削的过程中要随时测量导轨的各项精度,以确定刮削量和刮削部位。在测量车床床身导轨时,除了用百分表及水平仪等各种通用量仪外,还要用到专用桥板和检验心棒等辅助量具和检具。

（3）床身床鞍导轨的粗刮

床身导轨刮削时,首先要利用床身导轨面磨损较轻的部分配刮床鞍导轨和尾座垫板导轨,为床身导轨的精刮做好准备。然后以平行平尺为研具,分别粗刮导轨面 1、2、3,如图3-2所示。在刮削时应随时测量导轨面 2、3 相对齿条安装面之间的平行度,如图3-4所示,并用先与导轨形状配刮好的角度底座拖研保持导轨角度。粗刮时应达到导轨全长上的直线度误差不大于 0.1mm,但要注意呈中凸状;与对研平尺的平面接触均匀即可。

（4）床身床鞍导轨的精刮

将修刮好的床鞍与粗刮后的床身相互配研，精刮导轨面 1、2、3。精刮时需用检验桥板、等高垫块、检验心轴、千分表、水平仪等，随时测量导轨在水平面和垂直面内的直线度，如图 3-3 和图 3-5 所示。

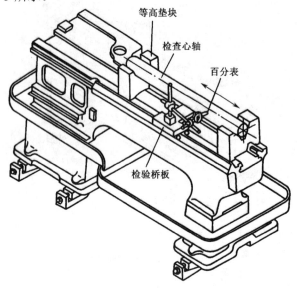

图 3-5　床身导轨在水平面内的直线度测量

床身床鞍导轨精刮后，导轨运动曲线仍需达到中凸形状，但为使导轨具有更好的精度保持性，应使导轨 1 的中凸低于 V 形导轨的高度。车床床身导轨较长，刮研工作量较大，一般无特殊情况，不采用这种修复方法。

3．床身尾座导轨的刮削

床身尾座导轨面的刮削方法及操作步骤与床鞍导轨面刮削方法相同。需要说明的是，当刮削尾座导轨时，应测量它与床身床鞍导轨面间的平行度，如图 3-6 和图 3-7 所示。

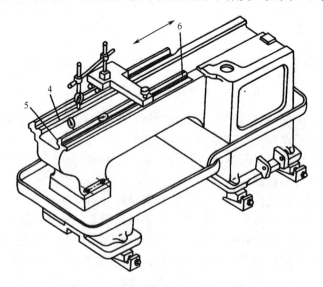

图 3-6　床身导轨上尾座单条导轨对床鞍导轨的平行度测量

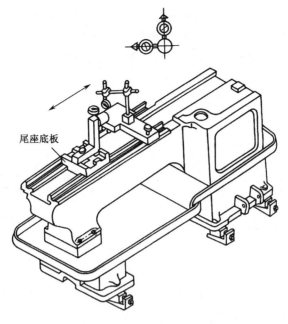

图 3-7　尾座导轨对床鞍导轨的平行度测量

三、床身导轨修理后的精度检验

1．精度要求

车床床身导轨经修理后，要满足如下精度要求。

（1）床身导轨面 1、2、3（图 3-2）在垂直面内直线度误差每 1000mm 测量长度上不大于 0.02mm，全长不大于 0.04mm，任意 250mm 长度上，局部公差为 0.0075，1250mm 长度上局部公差为 0.0225，只允许向上凸起，凸起部位最高点应在靠近主轴端的 1/3 处；在水平面内直线度误差每 1000mm 测量长度上不大于 0.015mm，全长不大于 0.03mm。

（2）床身导轨面 1 相对于 V 形导轨面 2、3 的倾斜度误差：每 1000mm 测量长度上不大于 0.02mm，全长不大于 0.03mm。

（3）尾座导轨对床鞍导轨平行度误差，在垂直方向每 1000mm 测量长度上不大于 0.02mm，全长不大于 0.05mm，在水平方向每 1000mm 测量长度上不大于 0.03mm，全长不大于 0.05mm。

（4）床鞍导轨面对齿条安装面的平行度误差不大于 0.05mm。

（5）床鞍与床身导轨面间接触精度不少于 12～14 点/（25mm × 25mm）。

2．测量方法

将水平仪纵向放在溜板上并靠近前导轨，刀架从主轴箱一端的极限位置开始，从左向右等距离移动，依次记录溜板在每一位置时水平仪的读数。

3．注意事项

等距离：近似等于规定的局部误差长度250mm。

正负值：习惯上把气泡移动方向与溜板移动方向相同时的值视为正值；相反为负值。

导轨在垂直平面内的直线度曲线：溜板在起始位置时的水平仪读数为起点，从坐标原点起作一折线段，其后每次读数都应以前一读数的折线段的终点作为起点。

全长的直线度误差：曲线相对其两端连线的最大坐标值。

导轨的局部误差：曲线上任一局部测量长度的两端相对曲线两端点连线的坐标差值。

4．举例

检验一台车床的床身导轨直线度误差δ，导轨长度为$D_c = 750mm$。

水平仪刻度值为0.02mm/1000mm，车床溜板每移动250mm测量一次，溜板在各个测量位置时水平仪的读数依次为：+1.8、+1.4、-0.8、-1.6格，根据读数画曲线图如图3-8所示。

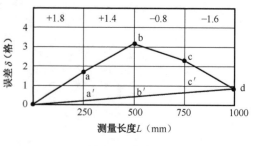

图3-8 曲线图

由图可以计算得出导轨全长的直线度误差δ，其公式如下：

$$\delta = nil$$

式中 n——误差曲线中的最大误差格数，如图3-8所示，最大误差格数为$bb' = 2.8$格；

i——水平仪的精度（0.02mm/1000mm）；

l——每段测量长度（mm）。

按误差曲线图格数计算得

$$\delta = 2.8 \times 0.02mm/1000mm \times 250mm = 0.014mm$$

因为0.014＜0.02（直线度全程允许公差）

所以这台车床床身的导轨在垂直平面内的直线度检验合格。

任务2 溜板部件的修理

溜板部件由床鞍、中滑板的横向进给丝杠副组成，它的作用是带动刀架部件上的刀具实现纵、横向进给运动，溜板部件的精度状况直接影响所加工零件的加工精度。溜板部件的修理工作主要包括修复床鞍及中滑板导轨的精度，补偿因床鞍及床身导轨磨损而改变的尺寸链。

一、修复溜板箱部件相关的尺寸链

由于床身导轨面（包括床鞍下导轨面）的磨损及修整，必然引起溜板箱和床鞍的下沉，至使以床身导轨为基础的所有相关尺寸链发生变化，如图3-9所示。同时也与进给箱相关的尺寸链产生了误差ΔB，与托架相关的尺寸链产生了误差ΔC，与齿轮齿条啮合相关的尺寸链产生了误差ΔD。

由于溜板箱修复时牵涉到这些尺寸链，所以在修理之前，首先要确定方案，分析如何修复尺寸链。在修复这些尺寸链时通常可采用下面三种方法。

1．在共有基准面的一侧增加补偿环

由于床身导轨面是几组尺寸链的共有基准面，此面经过磨损和修整下沉了Δ值，引起上述三组尺寸链出现了误差ΔB、ΔC、ΔD，可在床鞍导轨上增加一补偿环来修复这些误差。

在增加补偿环时，通常采取在床鞍导轨下面黏接一层铸铁板或聚四氟乙烯胶带，这种方法简便易行，并可多次使用。需注意的是黏接层的厚度除保证补偿床鞍下沉量 Δ 值外，还要考虑修刮余量。

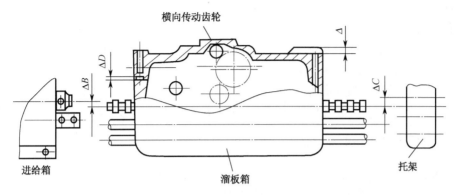

图 3-9　进给系统尺寸链的变化

床鞍下沉量 Δ 值的测量，可采用图 3-10 的方法进行，即将进给箱和丝杠托架按工作位置安装好，将床鞍置于修复后的床身导轨上，测量丝杠托架上光杠支承孔轴线到床鞍结合面的尺寸 A，然后再测量溜板箱的光杠安装孔到床鞍结合面的尺寸 H，则床鞍下沉量为

$$\Delta = H - A$$

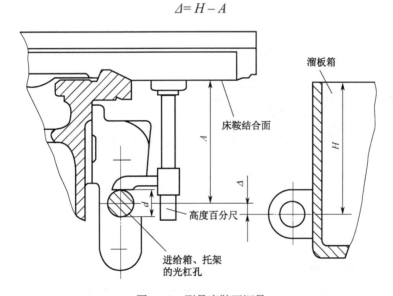

图 3-10　测量床鞍下沉量

2. 移动进给箱、丝杠托架、齿条的安装位置

根据修复后的床身导轨面及溜板箱安装后的实际位置，分别调整 ΔB 和 ΔC，然后重新修配定位销孔和修整定位面，还需要更换溜板箱上与床身上齿条啮合的纵向进给齿轮，或重新定位安装齿条，以补偿由于溜板箱的下沉而造成的两者啮合间隙的变化。

这种方法虽可修复三组尺寸链，但不能多次使用，一般只作为个别尺寸调整来用。

3．修整床鞍上的溜板箱结合面

修整床鞍上的溜板箱结合面即用机械加工的方法将床鞍上安装溜板箱的结合面切去一定尺寸的金属，使溜板箱上的安装位置向上移，此外补偿由于床身导轨磨损和修整造成的尺寸链误差。

这种方法虽然也是通过调整一个补偿环节恢复了各有关环节的尺寸链关系，但是床鞍厚度的减薄，势必影响床鞍的刚性。另外，溜板箱的向上移动，横向进给丝杠上安装的齿轮与溜板箱内安装的相啮合的齿轮之间的中心距发生了变化，必须使用变位齿轮才能正常啮合传动。这些因素限制了此方法的使用。

由以上分析可知，溜板部件尺寸链的恢复，最好采用在床鞍导轨面黏接补偿板的方法。

二、溜板部件的刮削工艺

溜板部件的刮削主要是指床鞍及中滑板导轨的刮削，如图 3-11 所示，这项工作是在床身导轨修复和溜板部件尺寸链补偿后进行的。如前所述，在车床大修时溜板部件尺寸链的补偿通常采用在床鞍导轨 8、9 面粘贴补偿尺寸层的方法。在溜板部件刮削时，主要完成下列工作。

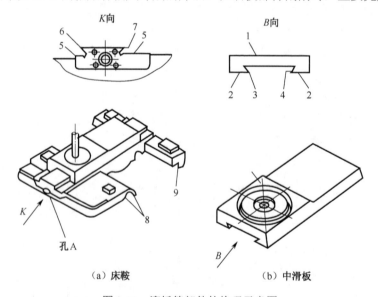

图 3-11　溜板箱部件的修理示意图

1．刮削床鞍纵向导轨 8、9 面

将床鞍与修刮好的床身导轨对研，刮削床鞍导轨 8、9，直到达到接触要求。刮削时要测量床鞍上溜板箱结合面对床身导轨的平行度，如图 3-12 所示，以及该结合面对进给箱安装面的垂直度，如图 3-13 所示，使之在规定的范围之内。

2．刮削中滑板导轨面

以平板为研具，分别刮削中滑板上与转盘安装面 1 和与床鞍接触导轨面 2，要求 1、2面间的平行度误差不大于 0.02mm，两者的平面度以与平板的接触点均匀为准，用 0.03mm的塞尺检查不得塞入。

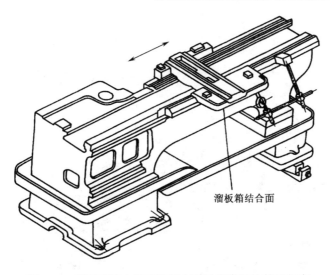

溜板箱结合面

图 3-12　测量床鞍上溜板箱接合面对床身导轨的平行度

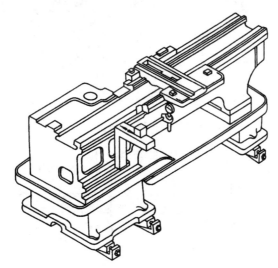

图 3-13　测量床鞍上溜板箱接合面对床身导轨相结合面的垂直度

3．刮削床鞍横向导轨面

用刮好的中滑板对研床鞍导轨面 5，刮研时需测量和控制床鞍导轨对横向进给丝杠安装孔 A 的平行度，如图 3-11（a）所示，并注意中滑板拖研时受力应均匀，移动距离不可过长。

4．刮削床鞍横向导轨面 6、7

用 55°角度平尺拖研床鞍横向导轨面 6，刮研时测量和控制床鞍导轨对横向进给丝杠安装孔 A 的平行度，如图 3-14 点 b 所示；用 55°角度平尺拖研床鞍横向导轨面 7，刮研时需测量和控制床鞍两横向导轨间的平行度，如图 3-15 所示。

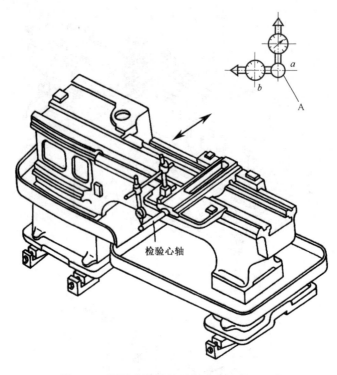

图 3-14　测量床鞍导轨丝杠安装孔的平行度

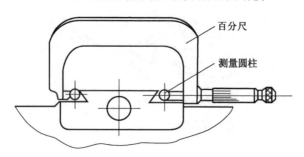

图 3-15　测量床鞍两横向导轨面间的平行度

5．刮削中滑板导轨面 3

以刮好的床鞍导轨面 6 与中滑板导轨面 3 对研，使之达到精度要求。

6．刮削床鞍上下导轨之间的垂直度

将修刮好的中滑板在床鞍横向导轨上安装好，分别移动中滑板与床鞍，用千分表和角度尺测量床鞍上下导轨之间的垂直度，如图 3-16 所示。若垂直度超差，床在床身上拖研，修刮床鞍下导轨修正。

三、溜板部件的精度要求

在溜板部件上各零件的导轨修刮后应达到下列精度要求。

（1）溜板箱结合面对床身导轨平行度误差全长不大于 0.06mm，对进给箱、托架安装垂直面垂直度误差不大于 0.03mm。

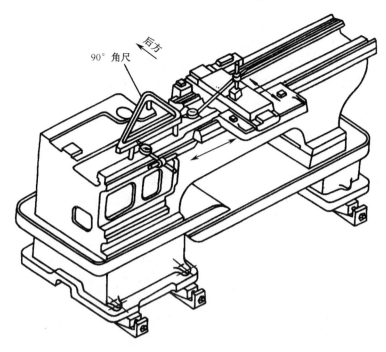

图 3-16　测量床鞍上下导轨之间的垂直度

（2）床鞍燕尾导轨面 5、6 对丝杠安装孔 A 的平行度误差在 300mm 长度不大于 0.05mm。

（3）床鞍导轨 7 对 6 的平行度误差不大于 0.02mm，导轨面 6、7 的直线度误差不大于 0.02mm。

（4）中滑板 1、2 面的平行度误差不大于 0.02mm。

（5）中滑板与床鞍导轨面接触精度及床鞍与床身导轨接触均不少于 10～12 点/（25mm× 25mm）。

四、床鞍的拼装

床鞍的拼装主要包括床鞍与床身的拼装和中滑板与床鞍的拼装。

1．床鞍与床身的拼装

床鞍与床身的拼装主要是指床鞍压板与床身导轨背面的配刮。刮削时要求床身导轨背面与导轨面间的平行度误差每 1000mm 测量长度上不大于 0.02mm，全长不大于 0.04mm，床鞍压板与导轨背面间的接触精度不少于 6～8 点/（25mm × 25mm），检查合格后将压板用紧固螺柱在床鞍上压紧后，用 250～300N 的推力使床鞍在床身全长上移动无阻滞现象，再用 0.03mm 塞尺检查接触精度，端部插入深度小于 20mm。

2．中滑板与床鞍的拼装

中滑板与床鞍的拼装主要包括刀架中滑板楔铁的安装和横向进给丝杠的安装。

（1）中滑板楔铁的安装

楔铁是调整刀架中滑板与床鞍燕尾导轨间隙的调整环节，在使用中楔铁磨损严重，需要新配置。

楔铁配置方案有几种：可用原有旧楔铁在大头上焊接加长一段，再将楔铁小头截去一段，使楔铁工作段的厚度增加；也可以原有旧楔铁上黏一层聚四氟乙烯胶带，使楔铁的磨损层得到补偿；还可更换新楔铁，更换新楔铁时应使新楔铁的斜度与旧楔铁的斜度保持一致。无论是修复旧楔铁还是更换新楔铁，都要使其留有一定余量，即让楔铁的大端长出一段，通过配刮，使楔铁与燕尾接触精度达到要求后，截取楔铁。

楔铁的刮削方法，是将加工后涂有红丹粉的楔铁插入床鞍导轨面与中滑板导轨面之间楔紧，然后刮削楔铁上与床鞍导轨接触面间的擦痕，如此反复多次，直到楔铁与床鞍导轨达到接触精度后为止。要求两者间的接触精度不少于 10～20 点/（25mm×25mm）。

（2）横向进给丝杠的安装

在大修时经常会遇到横向进给丝杠磨损比较严重的问题。丝杠的磨损会引起刀具在承受横向切削力时刀架窜动、刀具定位不准确、操纵手柄空行程变大等缺陷，影响零件的加工精度和表面粗糙度。在大修时应予以修复或更换。

丝杠的安装参照图 3-17（b）进行：首先垫好螺母垫片（可估计垫片厚度 Δ 值并分成多层），再用螺柱将左右螺母及楔形块挂住（不拧紧），然后转动丝杠，使之依次穿过丝杠右螺母、楔铁、丝杠左螺母，再将小齿轮（包括键）、法兰盘（包括套）、刻字盘及双锁紧螺母按顺序安装在丝杠上。旋转丝杠，同时将法兰压入床鞍安装孔内，然后紧固锁紧螺母，如图 3-17（a）所示。最后紧固丝杠左右螺母的连接螺柱。在紧固左右螺母的螺柱时，要连续旋转丝杠，使之带动中滑板在床鞍上往复移动，同时感觉丝杠的松紧程度，若感觉松紧程度不均匀或中滑板移动受阻时，则需调整垫片厚度 Δ 值，直到运行自如、松紧程度适宜为止。调整后应达到转动手柄灵活，转动力不大于 80N，正反转动手柄空行程不超过回转圆周的 1/5r。

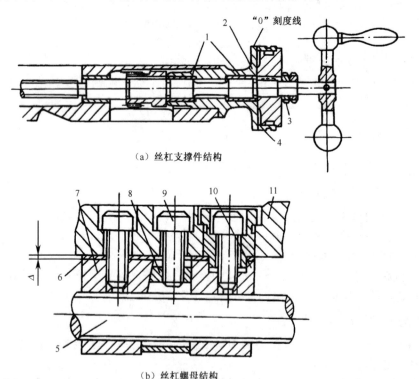

（a）丝杠支撑件结构

（b）丝杠螺母结构

1—镶套；2—法兰盘；3—锁紧螺母；4—刻度环；5—横进给丝杠；6—垫片；7—左半螺母；

8—楔形块；9—调节螺钉；10—右半螺母；11—刀架下滑座

图 3-17 横向进给丝杠安装示意图

任务3 刀架部件的修理

刀架部件主要包括转盘、小滑板、刀架座等零件，其结构如图3-18所示。刀架部件的作用是夹持刀具，实现刀具的转位、换刀，刀具的短距离调整及短距离斜向手动进给等运动。刀架部件的主要损伤形式是小滑板及转盘导轨的磨损和方刀架定位支承面及刀具夹持部分的损伤等，转盘回转面的磨损并不多见。

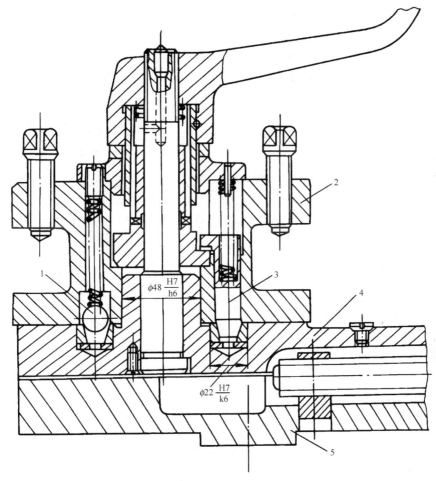

1—钢球；2—刀架座；3—定位销；4—小滑板；5—转盘

图3-18 刀架部件结构

一、刀架部件修理的内容

刀架部件修理的主要内容是恢复方刀架移动的几何精度，恢复方刀架转位时的重复定位精度和刀具装夹时的可靠性和准确性。为达到这些要求，必须对转盘、小滑板、方刀架等零件的主要工作面进行修复，如图3-19所示。

1. 小滑板修理

修复刀架定位ϕ48mm的配合面，如图3-18所示，可通过镶套或涂镀的方法恢复它与方刀架定位中心孔的配合精度。刮削小滑板燕尾导轨面 2、6 [图 3-19（a）]，保证导轨面的直线度与丝杠孔的平行度。更换小滑板上的刀架转位定位销锥套，如图 3-18 所示，保证它与小滑板安装孔（ϕ22mm）之间的配合精度。

2. 转盘修理

刮削燕尾导轨面 3、4、5，如图 3-19（b）所示，保证各导轨面的直线度和导轨相互之间的平行度。小滑板与转盘间燕尾导轨的刮研方法及顺序与中滑板和床鞍之间的燕尾导轨的刮研相同。

3. 方刀架修理

配刮方刀架与小滑板间的接触面 8、1，如图 3-19（a）、（c）所示，配作方刀架上的定位销与小滑板上镶嵌的定位销套孔的接触精度，修复刀架夹紧螺纹孔。

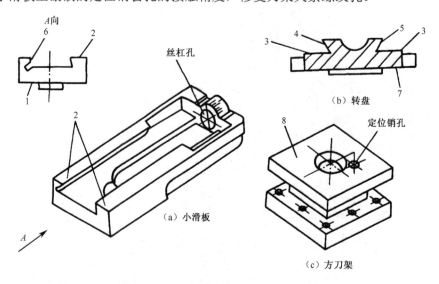

图 3-19　刀架部件主要零件修理示意图

二、刀架部件修理精度

（1）小滑板 ϕ48mm 定位销轴与刀架座孔配合公差带为 H7/h6（参看图 3-18）

（2）小滑板上四个转位定位销锥套与孔的配合公差带为 ϕ22H7/k6（参看图 3-18）。

（3）转动方刀架，用锥销定位时定位误差不大于 0.02mm。

（4）转盘导轨面 3 的平面误差不大于 0.02mm，导轨面 4 的直线度误差不大于 0.01mm，导轨面 3 对转盘表面 7 的平行度误差不大于 0.03mm。

（5）小滑板与转盘导轨面接触精度不少于 10～12 点/（25mm × 25mm）。

（6）方刀架与小滑板接触精度不少于 8～10 点/（25mm × 25mm）。

三、刀架部件的拼装

刀架部件的拼装主要包括方刀架与小滑板的拼装和小滑板与转盘的拼装。

1. 方刀架与小滑板的拼装

方刀架与小滑板是在修复好各相关零件及恢复了零件接触面间的配合关系后，按图 3-18

的装配关系逐一安装。装配后需检验方刀架的转位精度。

2．小滑板与转盘的拼装

小滑板与转盘需在配刮好两者间的燕尾导轨接触面之后，配刮楔铁、安装丝杠螺母机构。楔铁的配刮方法及要求与中滑板和床鞍的楔铁配刮方法相同。

3．小滑板上丝杠螺母机构的安装

当小滑板及转盘间的燕尾导轨经过刮削修整后，两者间的尺寸链关系发生了变化。在小滑板上安装的丝杠的轴线相对于在转盘上安装的螺母的轴线产生了偏移，因此两者无法正常安装，在小滑板与转盘拼装时，需设法消除丝杠与螺母轴线之间的偏移量。目前，修整丝杠螺母偏移量通常采用的方法有以下两种。

（1）设置偏心螺母法

在车床花盘上安装专用三角铁，如图 3-20 所示，将小滑板和转盘用配刮好的楔铁一同安装在专用三角铁上；加工一未开孔的螺母坯，使之与转盘上螺母安装孔过盈配合，并压入转盘孔内；在车床花盘上调整专用三角铁，以小滑板丝杠安装孔找正，并使小滑板导轨与车床主轴轴线平行，加工出螺母坯的螺纹底孔；然后再卸下螺母坯，在车床四爪卡盘上以螺母底孔找正切出螺母螺纹，最后再精车螺母外径。

（2）设置丝杠偏心套法

将修复后的丝杠螺母副安装在转盘上；将小滑板在转盘上安装调整好；测量丝杠与小滑板丝杠安装孔间的偏心量；然后加工出丝杠新轴套，使其内外径的偏心量稍大于上述测出的偏心量；最终将加工后的丝杠轴套安装在小滑板上，旋转偏心套，装入丝杠并转动丝杠，当丝杠达到灵活转动时，再将丝杠轴套在小滑板上定位固紧。

注意：小滑板与转盘拼装后，需要检验小刀架移动对主轴轴线的平行度，要求其数值小于 0.04mm。检验方法如图 3-21 所示。

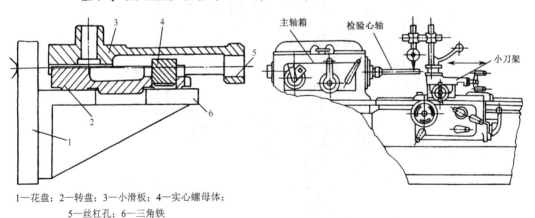

1—花盘；2—转盘；3—小滑板；4—实心螺母体；
5—丝杠孔；6—三角铁

图 3-20　车削刀架螺母螺纹底孔示意图　　　图 3-21　测量小刀架移动对主轴轴线的平行度

任务4　进给箱部件的修理

进给箱部件的功用是将机床主轴传递的运动经变速后传递给溜板箱。图 3-22 所示为 CA6140 型卧式车床的进给箱，由 XII 轴将主轴的动力经挂轮组输入，再经箱内基本组合增倍组变速机构变速后，由XVII轴联轴器和XVI轴联轴器分别将运动传递给丝杠和光杠。

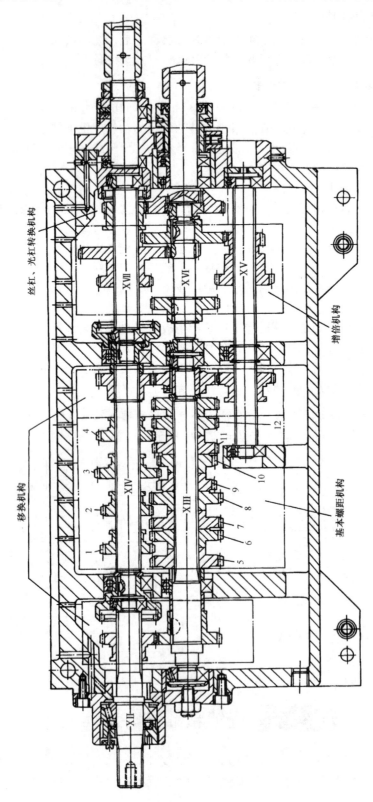

图3-22 CA6140型卧式车床进给箱结构图

一、进给箱部件的修理

进给箱部件的修理主要是将磨损或失效的齿轮、轴承、轴等零件进行修理或更换，还要修理丝杠轴承支承法兰及进给箱变速操纵机构。这些零件经修换与调整后必须严格按图样规定的要求装配，特别是基本组齿轮的装配，要注意顺序与位置，否则将无法实现车床标牌上所指示的螺距及进给量。

二、进给箱部件安装精度

进给箱部件安装除保证各齿轮的啮合间隙、接触位置、轴承的回转精度外，主要为丝杠联轴器的轴向窜动。丝杠连接轴轴向窜动的测量方法如图 3-23（a）所示，要求窜动量不大于 0.015mm。若窜动超差，可通过选配推力球轴承和刮研轴承支承法兰表面修复。丝杠轴承支承法兰修复法如图 3-23（b）所示，特制一个刮研心轴（要求心轴轴线与端面垂直，外圆与法兰内孔呈 H7/h6 配合），分别刮研法兰两端面 1、2，要求修复后的法兰端面对其轴孔线的垂直度误差小于 0.006mm。若支承法兰修复后，丝杠联轴器窜动仍超差，则应研磨推力轴承两端表面以达到相应要求。

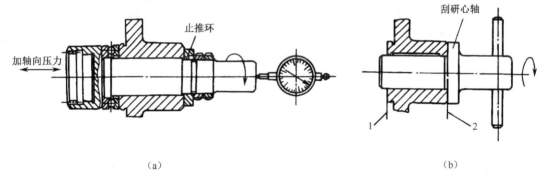

（a）　　　　　　　　　　　　　　　（b）

图 3-23　丝杠轴向窜动的测量与修复

任务5　溜板箱部件的修理

溜板箱部件主要功用是：将进给箱传递来的运动转换成床鞍的纵向进给运动和中滑板的横向进给运动，实现纵横向快速运动及过载保护功能。溜板箱部件修理的工作主要有丝杠和光杠传动机构的修理，安全离合器及操纵机构的修理。

一、丝杠传动机构的修理

丝杠传动机构主要由传动丝杠、开合螺母、开合螺母体及溜板箱安装控制部分组成。当丝杠及操作机构磨损后，使丝杠的螺距、牙形、表面粗糙度都发生了变化；操纵机构的磨损，主要是指开合螺母及螺母体导轨磨损，当上述情况发生后，开合螺母在溜板箱上产生晃动，致使螺母在合笼时，螺母与丝杠的啮合不能保持在确定的位置上。这样当加工螺纹时，刀具相对被加工螺纹侧面产生微量变动，难以控制稳定的切削厚度。这些原因都会使所加工出的螺纹表面粗糙度数值变大，尺寸精度降低。

对于丝杠的修复可采取精车和校直的方法，对丝杠操纵机构的修复可参考下列方法。

1. 开合螺母体及溜板箱导轨修理

在车削螺纹时，开合螺母频繁的开合，使螺母体的燕尾导轨产生磨损，经调整垫片，虽然能保证导轨间的间隙，但螺母的轴线位置发生了变化（向溜板箱方向移动），使丝杠旋转受到侧弯力矩作用。在修理时要补偿开合螺母体燕尾导轨的磨损，加工或更换新螺母。

开合螺母体燕尾导轨修复的补偿环，一般选在开合螺母燕尾导轨的平导轨面上，用黏接铸造铁板或聚四氟乙烯胶带的方法修复。补偿环尺寸的测量方法如图3-24所示。

测量时将开合螺母体安装在溜板箱导轨上并调整好，在溜板箱光杠内插入专用心轴1，用开合螺母夹持另一专用心轴2，然后用千斤顶将溜板箱在测量平台上垫起，调整溜板箱的高度，使溜板箱结合面与直角弯尺直角边贴合（图3-24（b）），心轴1、2母线与测量平台平行（图3-24（a）），测量光杠心轴与开合螺母心轴高度差 $\varDelta$ 值。丝杠光杠间 $\varDelta$ 的大小即开合螺母体燕尾导轨修复的补偿环尺寸（实际补偿尺寸还应加上导轨的刮研余量）。

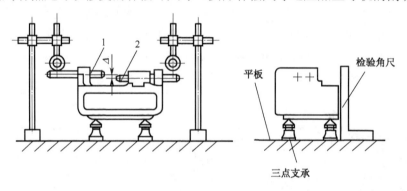

（a）溜板箱的找正与开合螺母修复补偿量的测量　　（b）溜板箱的找正

图3-24　燕尾导轨补偿量测量

2. 开合螺母体及溜板箱燕尾导轨的刮研

刮研开合螺母体及溜板箱燕尾导轨是在螺母体燕尾导轨补偿环设置好后进行的，刮研工艺如图3-25所示。

（1）刮研溜板箱体导轨

如图3-25所示，刮研溜板箱体导轨用小平板配刮导轨平面1，用专用角度底座配刮导轨面2。刮研时要用直角弯尺测量导轨表面1、2对溜板箱结合面垂直度，要求：导轨表面1、2对溜板箱结合面垂直度误差在200mm测量长度上不大于0.1mm；导轨面与研具间的接触点达到均匀即可。

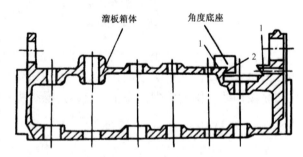

图3-25　溜板箱燕尾导轨的刮研

（2）刮研开合螺母体

刮研开合螺母体刮研时首先车制一实心的螺母坯，其外径与螺母体配合，并用螺钉与开合螺母体装配好，然后将开合螺母体与溜板箱导轨面配刮，要求两者间的接触精度不低于8～10点/（25mm×25mm），用心轴检验螺母体轴线与溜板箱结合面的平行度，误差控制在200mm测量长度上不大于0.10mm，然后配刮调整垫片。

（3）重新加工开合螺母

开合螺母的加工是在溜板箱体与螺母体间燕尾导轨修复后进行的。用实心螺母坯和刮好的螺母体安装在一起并装配在溜板箱上，将溜板箱安装在卧式镗床的工作台上；用图3-24的方法找正溜板箱结合面；以光杠孔中心为基准，按孔间距的设计尺寸平移工作台，找出丝杠孔中心的位置；在镗床主轴孔内安装钻头，在螺母坯上钻出螺纹底孔；然后以此孔为基准找正，在车床上加工出螺母螺纹。用这种方法，可以消除螺母孔与丝杠体的误差，也可以补偿因刮研造成的螺母体轴线的偏移。

二、纵、横向机动进给操纵机构的修理

车床纵、横向机动进给操纵机构如图3-26所示。其功用是实现床鞍的纵向快慢速运动和中滑板的横向快慢速运动的操纵和转换。由于使用频繁，操纵机构中的凸轮槽和操纵圆销易产生磨损，致使拨动离合器不到位，控制失灵。另外离合器M8、M9齿形端面易产生磨损，引起传动打滑。这些磨损件的修理，一般采用更换方法，从经济性和可靠性角度分析不易采用修复法。

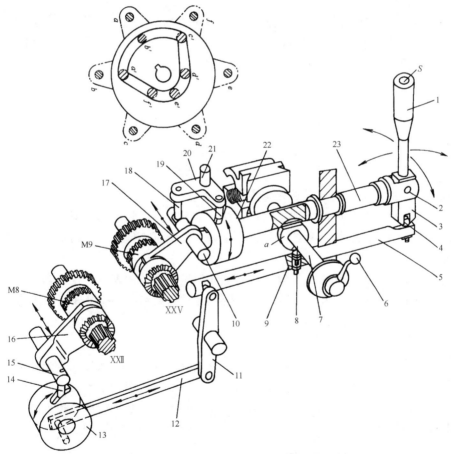

1—手柄；2—销轴；3—手柄座；4—球头销；5—轴；6—手柄；7—轴；8—弹簧销；9—球头销；10—拨叉轴；11—杠杆；
12—连杆；13—凸轮；14—圆销；15—拨叉轴；16，17—拨叉；18，19—圆销；20—杠杆；21—销轴；22—凸轮；23—轴

图3-26　CA6140型卧式车床纵、横向机动进给操纵机构

三、安全离合器的修理

如图 3-27 所示,安全离合器是由超越离合器 M6 和安全离合器 M7 组成的。它的作用是防止刀架的快速运动与工作进给运动的相互干扰,或当刀具工件进给超载时起安全保护作用。

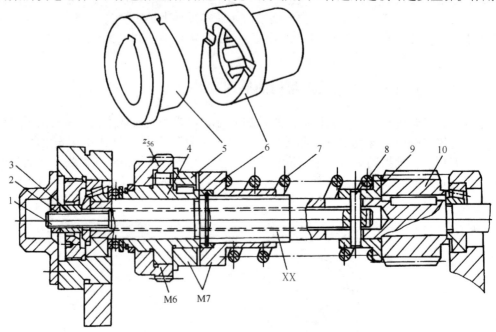

1—拉杆;2—锁紧螺母;3—调整螺母;4—超越离合器的星轮;5—安全离合器左半部;6—安全离合器右半部;
7—弹簧;8—圆销;9—弹簧座;10—蜗杆

图 3-27　安全离合器

安全离合器的主要失效形式是安全离合器和超越离合器的表面磨损,当安全离合器失效时,车床在大进给量切削时出现打滑,无法正常工作;当超越离合器磨损后,车床也无法实现满负荷运转。此机构修复的主要方法是调整弹簧压力使之能正常的传动或更换磨损的离合器零件。

安全离合器的主要失效形式是安全离合器和超越离合器的表面磨损,当安全离合器失效时,车床在加工过程中若发生过载等,安全离合器起不到安全和过载保护作用。

四、光杠传动机构的修复

光杠传动机构由光杠、传动滑键和传动齿轮组成。其主要失效形式是光杠的弯曲、光杠键槽及键侧和齿轮的磨损等。这些零件的损伤会引起光杠传动不平稳,溜板纵向工作进给时产生爬行。光杠传动机构修理的主要工作是光杠矫直、修正键槽、更换滑键、更换磨损严重的齿轮等。

任务6　尾座部件的修理

如图 3-28 所示,尾座部件主要由尾座体、尾座垫板、顶尖套筒、尾座丝杠、丝杠螺母等组成。尾座部件的作用是支撑零件完成加工或夹持刀具加工零件。要求尾座顶尖套筒移动灵便，在承受切削载荷时定位可靠。

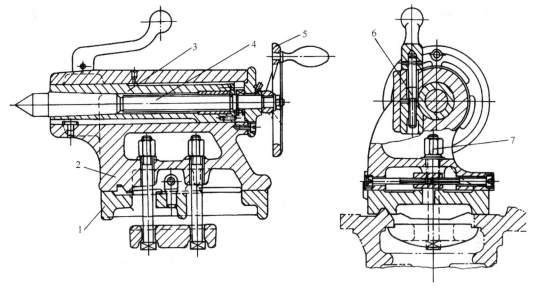

1—尾座垫板；2—尾座体；3—顶尖套筒；4—尾座丝杠；5—手轮；6—锁紧机构；7—压紧机构

图 3-28　尾座部件装配图

尾座部件的主要失效形式是尾座体孔及顶尖套筒的磨损、尾座底板导轨面和尾座丝杠及螺母磨损等。这些零件的失效使车床车削零件产生圆柱度超差，在大修时应视各零件磨损的程度，采取不同的修理方案。

一、尾座体孔的修理

由于顶尖套筒承受径向载荷并经常处于夹紧状态下工作，容易引起尾座体孔的磨损与变形，使尾座体孔呈椭圆形或喇叭形。在修复时，一般都是先修复尾座体孔的精度，然后根据该孔修复后的实际尺寸配制顶尖套筒。如果尾座体孔磨损较轻时，可用研磨的方法进行修正；若尾座体孔磨损严重时，应在修镗后再进行研磨修正，修磨余量要严格控制在最小范围内，避免影响尾座的刚度。

在研磨尾座体孔时，可用图 3-29 所示的专用可调研磨棒，并将尾座体孔口向上竖立放置进行研磨，以防止研磨棒的重力影响研磨精度。

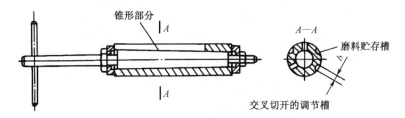

图 3-29　研磨棒结构

二、尾座顶尖套筒的修理

尾座体孔修磨后，必须配制相应的顶尖套筒才能保证两者间的配合精度。顶尖套筒的配制可根据尾座体孔修复情况而定，当尾座体孔磨损较轻采用研磨法修复时，顶尖套筒经修磨外径及锥孔后整体镀铬，然后再精磨外圆。修磨锥孔时，要求锥孔轴线对顶尖套筒外径的径向圆跳动误差在端部小于 0.01mm，在 300mm 处小于 0.02mm；锥孔修复后安装标准顶尖检验，顶尖的轴向位移不超过 5mm。顶尖套筒的外圆柱面的圆度及圆柱度误差不大于 0.01mm，其轴线的直线度误差不大于 0.02mm。当尾座体孔磨损严重，经镗削修复后，只有按修复的孔重新配制新的顶尖套筒，所配制的顶尖套筒的精度要求与上述要求相同。

三、尾座垫板导轨的修复

尾座垫板导轨的磨损直接影响尾座顶尖套筒轴线与主轴轴线高度方向的尺寸链，使车床加工轴类零件时圆柱度超差。床身导轨的修磨也使这项误差变大。修复车床主轴轴线与尾座顶尖套筒轴线高度方向尺寸链的方法有两种：一是增加尾座垫板高度，即把尾座垫板厚度尺寸作为修配环，这种做法简单易行，并可多次使用；二是修刮主轴箱底面，将主轴轴线高度尺寸作为修配环，因主轴箱重量大难以翻转，修刮十分困难，较少采用。在生产实际中，一般在尾座垫板底面粘贴一层铸铁板或聚四氟乙烯胶带，然后与床身导轨配刮。

四、尾座部件与床身导轨的拼装

在刮研尾座底板导轨时，除了补偿高度尺寸外，还要检验尾座安装后，顶尖套筒锥孔轴线对床身导轨的平行度（图 3-30）和对溜板移动的平行度（图 3-31）等。尾座与床身导轨拼装后应达到下列要求。

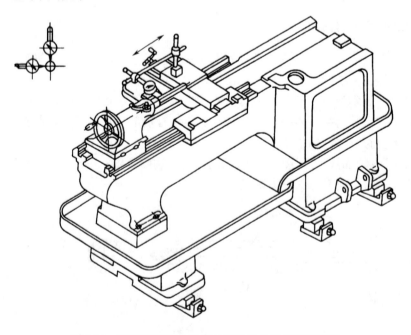

图 3-30　顶尖套筒锥孔轴线对床身导轨的平行度测量

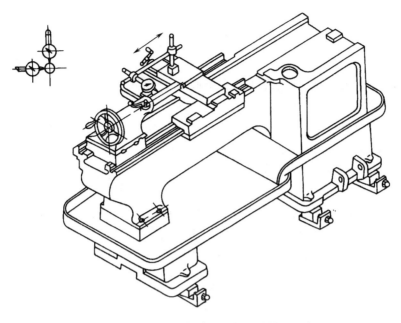

图 3-31　顶尖套筒锥孔轴线对溜板移动的平行度测量

（1）主轴锥孔轴线和尾座顶尖套筒锥孔轴线对床身导轨的等高度误差不大于 0.06mm，只允许尾座端高起，测量方法如图 3-32 所示。

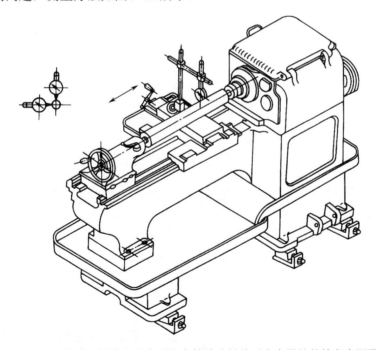

图 3-32　主轴锥孔轴线和尾座顶尖套筒锥孔轴线对床身导轨的等高度测量

（2）溜板移动对尾座顶尖套筒伸出方向的平行度误差，在 100mm 测量长度上，上母线不大于 0.03mm，侧母线不大于 0.01mm。

（3）溜板移动对尾座顶尖套筒锥孔轴线的平行度误差，在 100mm 测量长度上，上母线和侧母线都不大于 0.03mm。

思考题

1. 零件是否需要修换一般遵守的原则有哪些？

2. 车床主要部件的拆卸顺序是什么？

3. 车床主要部件修理程序应如何安排？

4. 导轨修复常用方法有几种？

5. 刀架部件主要由哪些零件组成？易损零件有哪些？其主要失效形式是什么？如何修复？

6. 丝杠传动机构主要易损零件是什么？主要对于加工什么类型零件有影响？

7. 尾座部件的主要作用是什么？它主要由哪些零件组成？

8. 尾座与床身导轨拼装后应达到哪些技术要求？

第 4 章

车床总装与调试

知识目标

1. 了解溜板箱和齿条的安装及丝杠和光杠安装调试检验过程。
2. 初步掌握车床维修后的常规检查内容。
3. 了解车床维修后试车和验收过程。
4. 初步掌握车床维修后主要精度检验和操作方法。
5. 了解车床维修后对加工零件的检验方法。

车床的总装有两种装配方式：一种是将床身安装调整好水平后，逐步修复和拼装各部件，边修复调整各部件的安装精度和部件间位置精度，直到所有部件修理安装完毕；另一种是分别修理各部件，调整各自的精度达到要求后，统一拼装部件，这时只须注意调整部件间的精度关系和传动关系。后者常用于大型设备的修理，前者常用于中小型设备的修理。CA6140 型车床应采用前一种修理总装方法，在此主要介绍溜板箱和齿条的安装及丝杠和光杠安装。

项目1 溜板箱和齿条的安装及丝杠和光杠安装

任务 1 安装溜板箱

安装溜板箱时主要调整床鞍与溜板箱之间横向传动齿轮副的中心距，如图 4-1 所示，使齿轮副正确啮合。可通过纵向（图 4-1 右向）调整溜板箱位置，调整齿轮的啮合间隙。调整好后，重新铰制定位销孔配置定位销。

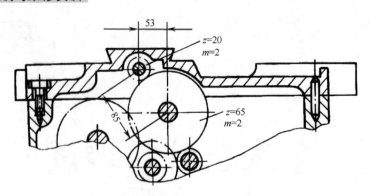

图 4-1　床鞍、溜板箱横向传动齿轮的安装

任务2　安装齿条

安装齿条时注意调整齿条的安装位置，使之与溜板箱纵向进给齿轮啮合间隙适当，检查在床鞍和床身移动行程的全长上两者间的啮合间隙。调整完成后重新铰制齿条定位销孔安装齿条。

任务3　安装丝杠和光杠

在丝杠和光杠安装时，首先要调整安装丝杠处的进给箱、溜板箱和托架三支承件的同轴度。在床鞍的刮研中已经保证了溜板箱结合面与进给箱及托架安装面的垂直度（托架安装面与进给箱安装面平行）。所以在检测三支承两孔同轴度时，只要保证了丝杠安装孔的同轴度，光杠及开关杠的同轴度也就得到了保证。

丝杠孔三支承同轴度的测量可采用如图 4-2 所示的检验心轴的测量方法；也可以用丝杠本身代替检验心轴（此时要防止丝杠弯曲）的方法。无论用哪种方法，都需在开合螺母合拢的条件下检测。要求心轴（丝杠）轴线对床身导轨的平行度误差在上母线和侧母线都不大于 0.20mm。若上述精度超差，可调整进给箱和托架的位置，然后重新铰制进给箱与托架的定位销孔。丝杠安装后，还要测量丝杠的轴向窜动，如图 4-3 所示，使之小于 0.015mm；晃动丝杠，测量丝杠轴径间隙使之小于 0.02mm。若上述两项精度超差，可通过修磨丝杠安装轴法兰端面和调整推力轴承的间隙予以消除。

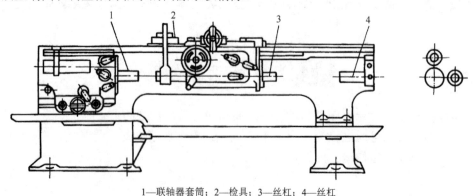

1—联轴器套筒；2—检具；3—丝杠；4—丝杠

图 4-2　丝杠孔同轴度测量

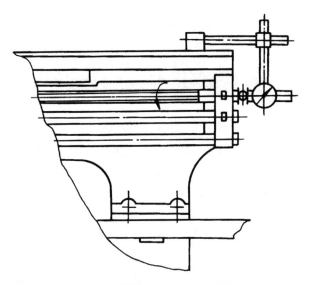

图 4-3　车床丝杠的轴向窜动的测量

项目 2　车床的试车与验收

机床经过大（中）修后通常需要进行三部分质量检查，即机床运转实验、机床几何精度检验和机床工作精度实验质量检查。在具体检查前应先对修后车床进行外观及动态检查。

任务 1　外观及动态检查

外观及动态检查是检查机床的各零部件安装是否正确、各部分动作是否正常的一种常规检查方式。主要通过看、听、摸、查四种方式。

1．在机床开动前要通过三看

一看：按机床装配图纸，看各零部件是否缺失？安装是否正确？外表是否整洁？（是否按要求除锈、除油污？是否按要求喷漆？）

二看：按电路图，看电路是否整齐、正确？电机 V 带安装是否正确？

三看：按润滑图，看油路是否畅通、是否正确注油？（核对所注油号是否正确，油位是否在标尺范围内？）

2．机床开动后应进行听、摸、查

（1）听——机床齿轮啮合声是否正常？噪声是否太大？

（2）摸——用手摸各部分有无异常振动。

（3）查——机床空载开动后，各部分动作是否正常？如不正常立即停车，如果正常运转 1 小时则继续三查。

一查：正反转是否正常？停车位置是否合理？（摩擦片松紧是否合适？）实际转速与手柄所指的转速是否一致？

二查：启动光杠，检查各挡实际走刀量与铭牌的手柄位置所指的走刀量是否符合？

三查：启动丝杠，检查各挡实际走的螺距与手柄所指的螺距是否符合？

任务 2　车床空转实验

车床的空转实验主要是检验机床各运动件是否运转灵活，紧固件是否紧固牢靠，接合面是否符合要求，各手柄是否操作轻便灵活等，达到以下要求。

（1）固定结合面应紧密贴合，用 0.03mm 塞尺检验时应插不进去，滑动导轨的表面除了用涂色法检验达到接触斑点要求外，还要用 0.03mm 塞尺检验在端部插入深度≤20mm。转动手轮所需的最大操纵力不超过 80N。

（2）从低速开始依次运转主轴的所有转速，进行主轴空运转试验，在高速时运转时间不得少于半小时。运转时，要求滚动轴承的主轴温升不得超过 40℃；滑动轴承的主轴温升不得超过 30℃；其他轴承的主轴温升不得超过 20℃；主轴箱的振动和噪声不得超过规定精度值。

（3）在主轴空运转试验时，主轴箱中润滑油面不得低于油标线，油泵供油润滑时，提供的油量要充分。变速手柄调节要灵活，定位要准确可靠。调整摩擦离合器，使其在工作位置时能传递额定功率不发生过热现象；处于非工作状态时，主轴能迅速停止运转。制动闸带调整松紧合适，达到主轴在处于 300r/min 转速运转时，制动后主轴转动不大于 2～3r；非制动状态闸带能完全松开。

（4）尾座部件的顶尖套筒由套筒孔最内端伸出至最大长度时无不正常的间隙和滞塞现象，手轮转动轻便，顶尖套筒夹紧装置操作灵活可靠。

（5）床鞍与刀架部件在空运转实验时要达到床鞍在床身导轨上，中、小滑板在其燕尾导轨上移动平稳，楔铁、压板调整松紧适当。各丝杠旋转灵活准确，带有刻度的手轮（手柄）反向时空程不超过五分之一圈。

（6）进给箱输出的各种进给能量应与转换手柄标牌指示的数值相符，在进给箱内部各齿轮定位可靠，变速换位准确，各级速度运转平稳。

（7）溜板箱各控制手柄转换灵活准确，无卡阻现象，纵横向快速进给运动平稳。丝杠开合螺母控制灵活。安全离合器弹簧调节松紧适当，传力可靠，脱开迅速。

（8）带传动装置调节适当，四根 V 带松紧一致。

（9）电气设备控制准确可靠，电动机转向正确。润滑、冷却系统运行可靠。机床外观完整、齐全、清洁。

任务 3　机床精度检验

机床精度的检验应按机床的出厂检验标准逐项检查。例如 CA6140 车床为 15 项，具体标准和检查方法如下。

1．机床精度检查所使用的检具见表 4-1

表 4-1　机床精度检验用的检具

序号	名　称	图　示
1	标准主轴锥孔检验棒 （莫氏锥柄检验棒 6 号）	
2	标准尾座锥孔检验棒 （莫氏锥柄检验棒 5 号）	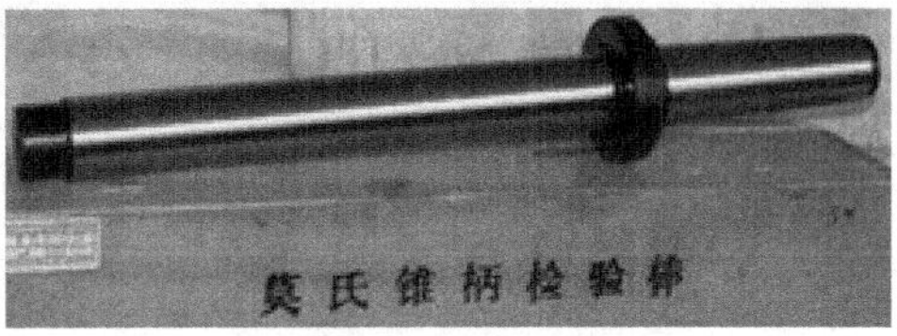
3	铸铁宽座三角尺 （300mm×400mm）	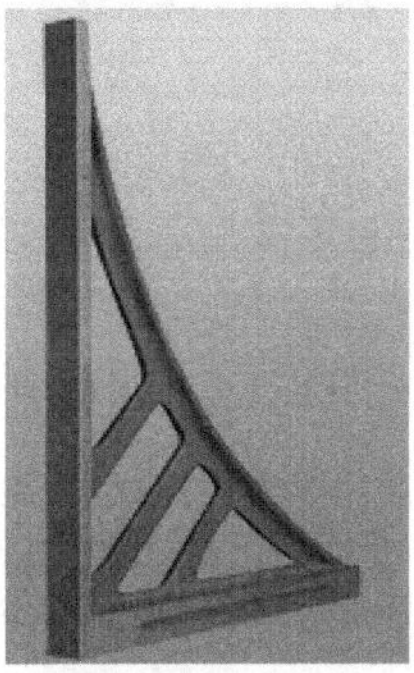
4	心轴（50mm×1000mm）	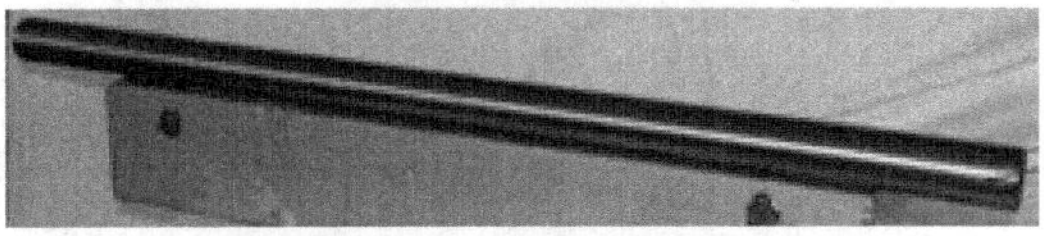
5	铸铁平尺 1000mm	
6	莫氏 4 号死顶尖（2个）	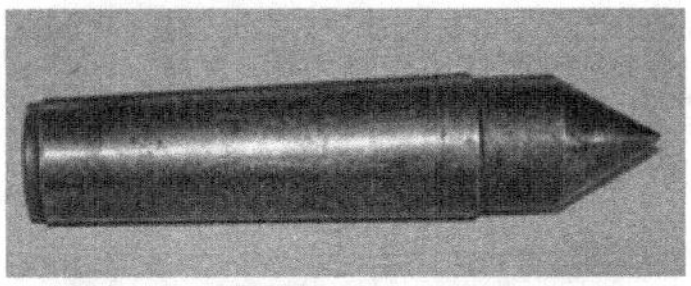
7	4/5、4/6 莫氏锥度过渡套各一个	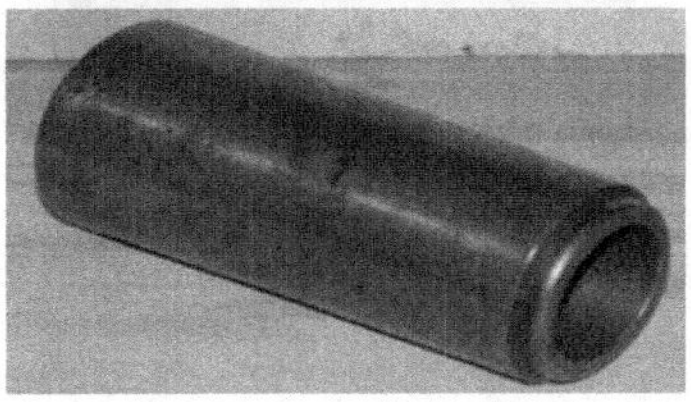

序号	名　　称	图　　示
8	螺纹环规（M36）	
9	百分表及表座	
10	水平仪	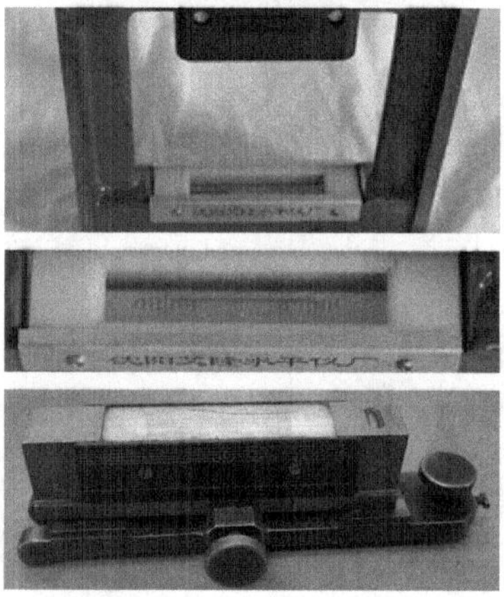

2. 机床精度检验标准和方法

G1. 车床导轨调平

（1）技术要求见表 4-2。

表 4-2　车床导轨调平

检测序号	检测项目	简　图	检测合格指标（mm）		
G1	A —— 床身导轨调平 a）纵向：导轨在垂直平面内的直线度 b）横向：导轨的平行度	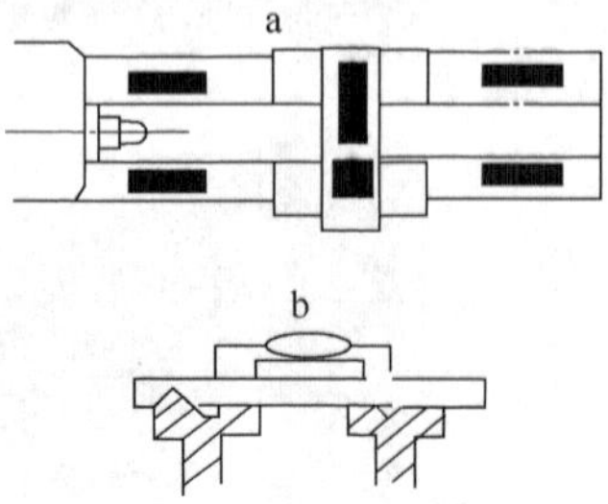 a b	A	750～1000	0.02
			a	在任意 250 长度上 0.0075	
				1500	0.025
				2000	0.03
				在任意 500 长度上 0.015	
				只允许凸起	
			b	0.04 / 1000	

（2）操作方法。

纵向：按图 4-4 所示将水平仪纵向放置在大溜板上，调平，任意移动 250mm，允差 0.0075mm。全长各段允差见表 4-3。

表 4-3　纵向不同全长各段允差值　　　　　　单位：mm

全长范围	允差
750～1000	0.02
1500	0.025
2000	0.03

（a）前　　　　　　　　　（b）中　　　　　　　　　（c）后

图 4-4　纵向：导轨在垂直平面内的直线度

横向：在大溜板上垂直床身方向，调平后，在全长范围内，任意移动三个点，允差：0.04/1000（单位：mm），如图 4-5 所示。

（a）前　　　　　　　　　（b）中　　　　　　　　　（c）后

图 4-5　横向：导轨的平行度

G2．主轴与尾座的等高度
（1）技术要求见表 4-4。

表 4-4　主轴与尾座的等高度

检测序号	检测项目	简　　图	检测合格指标（mm）
G2	E——顶尖 主轴和尾座两顶尖的等高度		0.04 只许尾座高

（2）检查方法。

将 1000mm 长心轴，顶在主轴中心与尾座之间（用死顶尖），调整尾座使心轴与床身平行，将百分表座吸在小溜板上，表对准心轴上方中心，移动溜板，表摆动在 0.04mm 范围内，如图 4-6 所示。

（a）百分表在心轴前端上方中心　　　（b）百分表跟随大溜板向右移动中　　　（c）百分表在心轴尾部上方中心后

图 4-6　主轴和尾座两顶尖的等高度

G3．主轴的轴向窜动与轴肩支承面的跳动

（1）技术要求见表 4-5。

表 4-5　主轴的轴向窜动与轴肩支承面的跳动

检测序号	检测项目	简　　图	检测合格指标（mm）	
G3	B——主轴 a）主轴的轴向窜动 b）主轴轴肩支承面的跳动		a	0.01
			b	0.02

（2）检查方法。

① 将百分表吸在床身上，百分表测头与主轴端面接触，在刀架上安装一挡铁，移动溜板使挡铁给主轴一个力，然后松开。反复给力—松开，表针摆动在 ≤0.01mm 范围内。如图 4-7 所示。

② 将表测头与主轴轴肩支承面最外圈接触，慢速开动机床，允许表针摆动在 ≤0.02mm 范围内，如图 4-8 所示。

将表测头与主轴轴肩支承面端面最外圈接触，慢速开动机床，允许表针摆动在 ≤0.02mm 范围内，如图 4-9 所示。

图 4-7　主轴的轴向窜动

G4．主轴锥孔中心线的径向跳动

（1）技术要求见表 4-6。

图 4-8　主轴轴肩支承面的跳动　　　图 4-9　主轴轴肩支承面端面的跳动

表 4-6　主轴锥孔中心线的径向跳动

检测序号	检测项目	简　图	检测合格指标（mm）	
G4	主轴锥孔轴线的径向跳动 a）靠近主轴端面 b）距主轴端面 L 处		a	0.01
			b 在 300 测量长度上	0.02

（2）检查方法。

用干净抹布将主轴锥孔擦干净，如图 4-10 所示，将主轴锥度检验棒擦干净插入主轴锥孔内，如图 4-11 所示。

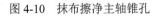 

图 4-10　抹布擦净主轴锥孔　　　图 4-11　检验棒插入主轴锥孔

① 将百分表吸在床身上，表测头与检验棒大端外径中心接触，开动机床，表跳在 0.01mm 范围内，如图 4-12 所示。将检验棒拔出旋转 90°，再做一次，如图 4-13 所示。

② 将溜板移动 300mm，使百分表测头与检验棒尾部上方中心接触，开动车床，允许表跳在 0.02mm 范围内，如图 4-14 所示。将检验棒拔出旋转 90°，再做一次。

图4-12　表测头与检验棒靠近在床主轴端的上方中心接触

图4-13　检验棒拔出旋转90°

图4-14　测头与检棒尾部上方中心接触

G5．主轴轴线对溜板移动的平行度

（1）技术要求见表4-7。

表4-7　主轴轴线对溜板移动的平行度

检测序号	检测项目	简　图	检测合格指标（mm）	
G5	主轴轴线对溜板移动的平行度 a）在水平面内 b）在垂直平面内		测量长 L=300	
			a	0.015
				只许向前偏
			b	0.02
				只许向上偏

（2）检查方法。

将主轴检验棒擦干净插入主轴锥孔内。

① 水平面：将百分表座吸在溜板刀架上，表测头与检验棒中心靠近操作者一侧接触，分别检测两端，如图 4-15 所示。移动溜板 300mm，允许向操作者方向偏 0.015mm，将检验棒拔出旋转90°，反复操作三次。

② 将百分表对准检验棒中心上方，如图 4-16 所示，移动溜板 300mm，允许向上偏移 0.02mm。将检验棒拔出旋转90°，反复操作三次。

（a）表测头与检验棒靠近床头端部侧面中心接触，表针对0　　　　（b）表移至检验棒尾部，表值在≤+0.015mm范围内

图4-15　主轴轴线对溜板移动的平行度——水平面

（a）表测头与检验棒靠近车床主轴端的上方中心接触，表针对0　　　　（b）表移至检验棒尾部，表值在≤+0.02mm范围内

图4-16　主轴轴线对溜板移动的平行度——垂直平面

G6．尾座套筒锥孔轴线对准溜板移动的平行度

（1）技术要求见表4-8。

表4-8　尾座套筒锥孔轴线对准溜板移动的平行度

检测序号	检测项目	简　图	检测合格指标（mm）		
G6	尾座套筒锥孔轴线对溜板移动的平行度 a）在水平面内 b）在垂直平面内		测量长 L=300		
			a	0.03	
				只许向前偏	
			b	0.03	
				只许向上偏	

（2）检查方法。

将尾座检验心轴擦干净插入尾座锥孔内。

① 将百分表座吸在大溜板上，将表测头对准检验棒大端中心，靠近操作者一方，移动溜板300mm，表摆在0.03mm范围内（只允许向操作者方向偏），如图4-17所示。将检验棒拔出旋转90°，再做一次。

② 将表测头与检验棒大端上方中心接触，如图4-18所示。移动溜板300mm，表摆在0.03mm范围内（只允许心棒向上撬0.03mm）。将检验棒拔出旋转90°，再做一次。

（a）测头与检验棒靠尾座一端且与操作者一侧中心接触，表针对 0　（b）表移至检验棒尾部，表值在≤+0.03mm 范围内

图 4-17　尾座套筒锥孔轴线对溜板移动的平行度——在水平面内

（a）测头与检验棒靠尾座一端上方中心接触，表针对 0　　（b）表移至检验棒尾部，表值在≤+0.03mm 范围内

图 4-18　尾座套筒锥孔轴线对溜板移动的平行度——在垂直平面内

G7. 横刀架横向移动对主轴线的垂直度

（1）技术要求见表 4-9。

表 4-9　横刀架横向移动对主轴线的垂直度

检测序号	检测项目	简　图	检测合格指标（mm）
G7	G——横刀架 横刀架横向移动对主轴轴线的垂直度		0.02/300 $\alpha \geqslant 90°$

（2）检查方法如图 4-19，图 4-20 所示。

① 将铸铁三角尺平放至床面，使三角尺底座与床身平行（按图 4-19 所示位置将表头触在三角尺短边中心位置，按 F 方向移动大溜板，反复找正使三角尺底座短边与床身平行）。

② 将表头对准三角尺长边中心，按 H 方向移动中溜板（如图 4-19、图 4-20（c）所示），看表值，允差 0.02/300（单位：mm），只允许减值。即 $\alpha \geqslant 90°$。

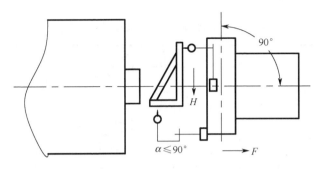

图 4-19

（a）表测头在三角铁前部，表针对 0

（b）表移至三角铁后部，表针仍为 0

（c）摇动手柄使溜板向操作者方向移动

（d）表测头对准三角铁长边上方，表针对 0

（e）表头向下移动 300，表值在 ≤ +0.02mm 范围内

图 4-20　横刀架横向移动对主轴轴线的垂直度

G8．小刀架纵向移动对主轴轴线的平行度

（1）技术要求见表 4-10。

表 4-10　小刀架纵向移动对主轴轴线的平行度

检测序号	检测项目	简　图	检测合格指标（mm）
G8	F——小刀架 小刀架纵向移动对主轴轴线的平行度		0.04/300

（2）检查方法。

将主轴检验棒擦干净插入主轴锥孔内，将小刀架移动方向调至与主轴检验棒一致，将百分表吸在小溜板上，表测头与检验棒靠近床头部上方中心接触，如图 4-21 所示。移动小刀架，表摆在 0.04mm 范围内。

（a）测头与检验棒靠近床头部上方中心接触，表针对 0　（b）表头移动 300mm 至检验棒尾部，表值在 ≤0.04mm 范围内

图 4-21　小刀架纵向移动对主轴轴线的平行度

G9．溜板移动在水平面内的直线度

（1）技术要求见表 4-11。

表 4-11　溜板移动在水平面内的直线度

检测序号	检测项目	简　图	检测合格指标（mm）	
G9	B——溜板 溜板移动在水平面内的直线度（尽可能在两顶间轴线和刀尖所确定的平面内校检）		750～1000	0.02
			1500	0.023
			2000	0.025
			3000	0.03

（2）检查方法。

在主轴孔和尾座孔内均插入死顶尖，并将 1000mm 心轴顶在两顶尖间，将百分表吸在大溜板上，表头对准心轴中心靠近操作者一侧，移动大溜板，表摆在 ≤0.02mm 范围内，如图 4-22 所示。

上述是车床精度最常用的 9 个检验项目，有时根据实际情况需要，还要增加某些检验项目，见表 4-12。

（a）测头与检验棒靠近床头操作者一侧中心接触，表针对 0

（b）表移至检验棒尾部，表值仍为 0

（c）调整尾座两侧的调整螺钉使表值为 0

（d）表在慢速移动中，表摆在≤0.02mm 范围内（心轴长 1000mm）

图 4-22　溜板移动在水平面内的直线度

表 4-12　车床精度检验项目

序号	检验项目	简图	允差（mm）		
				a	b
1	尾座移动对溜板移动的平行度 a）在水平面内 b）在垂直平面内	L=常数	750～1000	0.03	0.03
			在任意 500 长度上	0.02	0.02
			>1500	0.04	0.04
			在任意 500 长度上	0.03	0.03
2	主轴定心轴颈的径向跳动	F	0.01		

序号	检验项目	简图	允差（mm）		
3	主轴顶尖的径向跳动		0.015		
4	尾座套筒轴线对溜板移动的平行度 a）在水平面内 b）在垂直平面内		测量长 L=100		
			a	0.015	
				只许向前偏	
			b	0.02	
				只许向上偏	
5	丝杠的轴向窜动		0.015		
6	由丝杠所产生的螺距累计误差		a 在任意300 测量长度上		
			≤2000	0.04	
			b 在任意60 测量长度上	0.015	

任务 4　机床实际操作加工检查

1．粗车外圆精度

（1）技术要求见表 4-13。

表 4-13　粗车外圆精度

序号	检验项目	简　图	检测合格指标（mm）	
1	粗车外圆的精度 a）圆度 b）圆柱度（任何锥度都应当是大直径靠近车头端）	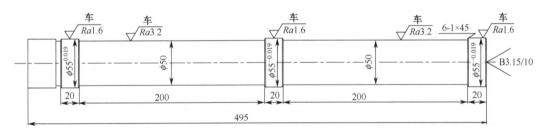 $D > D_a/8$　$L = D_a/2$ $L_{1max} = 500mm$　$L_{2max} = 20mm$	a 圆度	0.01
			b 圆柱度，测量 $L = 200mm$	0.02

（2）检查方法。

准备毛坯圆钢棒料：$\phi 60 \times 500$，按图 4-23 零件图加工。加工完成以后，用千分尺测量外径$\phi 55^{0}_{-0.019}$，分别在三处（前、中、后）的圆周上均布取 8 点测 4 个直径，如图 4-24 所示。具体要求如下。

图 4-23　零件图

① 每个小圆柱$\phi 55 \times 20$，4 个直径相对差值≤0.01mm。

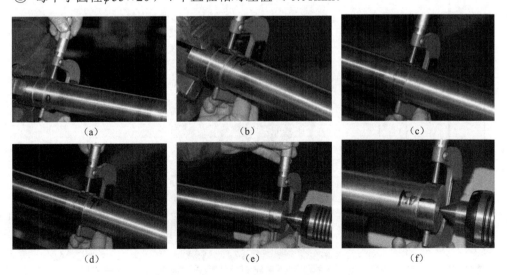

图 4-24　千分尺测量工件圆度和圆柱度

② 三个小圆柱$\phi 55 \times 20$ 的 12 个直径相对差值≤0.02mm。

③ 外表面不应有波纹，表面粗糙度 Ra 值≤1.6μm。

2．粗车端面精度

（1）技术要求见表4-14。

表 4-14　粗车端面精度

序号	检测项目	简　　图	检测合格指标（mm）
2	粗车端面的平行度	$L_{max}=D_a/8$　　　　$D>D_a/2$	在 300 直径上为： 0.02 只许凹

（2）检查方法。

准备毛坯ϕ310×80（HT200 或 Q235），按图 4-25 加工，已加工好的零件图如图 4-26 所示。

用百分表检查所车端面与机床主轴线的垂直度值≤0.04mm，将表吸在大溜板上，表头垂直于所车端面，移动大溜板，只允许中间凹≤0.04mm，如图 4-27、图 4-28 所示。

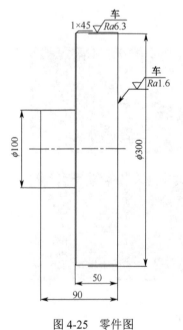

图 4-25　零件图　　　　　　图 4-26　被检测工件　　　　　图 4-27　被检测工件示意图

图 4-28　百分表检测工件端面与机床主轴线的垂直度

3．粗车螺纹精度

（1）技术要求见表 4-15。

表 4-15　粗车螺纹精度

序号	检测项目	简　　图	检测合格指标（mm）	
3	粗车螺纹的螺距误差	L=300mm	a 在任意 300 测量长度上	
			≤2000	0.04
			b 在任意 60 测量长度上	0.015
			螺纹表面应洁净无凹陷，波纹	

（2）检查方法。

准备毛坯圆钢棒料：φ40×500，按图 4-29 零件图加工工件，加工后的工件如图 4-30 所示。工件加工完成以后，用 6g 螺纹规检查精度，通端应通过，止端应不通过，如图 4-31 所示。此外表面不得有振纹等缺陷。

图 4-29　零件图

图 4-30　被检测工件

（a）螺纹通端应通过　　　　　　　　　　　（b）螺纹止端应不通过

图 4-31　被检测工件

检查螺距误差：在床身≤2000mm 情况下，任意 60mm，允差 0.015mm；任意 300mm，允差 0.04mm。

检查方法：将表座吸在溜板上，螺纹环规通端拧在螺杆上，表头对准环规侧面某点，用 4mm 螺距，主轴旋转 15 圈，在表头与原来 0 点位置，加一个 60mm 块规，看表值。在任意位置测三个点，误差≤0.015mm。

具体操作如图 4-32 所示：将螺纹环规（通）旋入所车的零件上，然后将表吸在溜板上，表测头与环规端面某点接触，主轴旋转 15 圈，在表测头与原来 0 点位置加一个 60mm 块规，查看表值。在任意位置测三个点，误差≤0.015mm。

图 4-32　检查工件螺距误差

思考题

1．简述车床主要部件的安装步骤。

2．车床经大（中）维修后，各零部件安装是否正确，各部分动作是否正常，经常采用几种方式进行检查？具体内容是什么？

3．车床停车以后，主轴有自转现象的故障原因及排除方法有哪些？

4．检测车床几何精度常用的检具有哪些？如何正确操作？

附 录 1

车床常见故障及排除方法

车床经大修以后，在工作时往往会出现故障，车床常见故障及排除方法见表 1。

表 1　车床常见故障及排除方法

序号	故 障 内 容	产 生 原 因	消 除 方 法
1	圆柱类工件加工后外径产生锥度	（1）主轴箱主轴中心线对床鞍移动导轨的平行度超差 （2）床身导轨倾斜一项精度超差过多，或装配后发生变形 （3）床身导轨面严重磨损，主要三项精度均已超差 （4）两顶尖支持工件时产生锥度 （5）刀具的影响，刀刃不耐磨 （6）由于主轴箱温升过高，引起机床热变形 （7）地脚螺钉松动（或调整垫铁松动）	（1）重新校正主轴箱主轴中心线的安装位置，使工件在允差范围之内 （2）用调整垫铁来重新校正床身导轨的倾斜精度 （3）刮研导轨或磨削床身导轨 （4）调整尾座两侧的横向螺钉 （5）修正道具，正确选择主轴转速和进给量 （6）如冷态检验（工件时）精度合格而运转数小时后工件即超差时，可按"主轴箱的修理"中的方法降低油温，并定期换油，检查油泵进油管是否堵塞 （7）按调整导轨精度方法调整并紧固地脚螺钉
2	圆柱形工件加工后外径产生椭圆及棱圆	（1）主轴轴承间隙过大 （2）主轴轴颈的椭圆度过大 （3）主轴轴承磨损 （4）主轴轴承（套）的外径（环）有椭圆，或主轴箱体轴孔有椭圆，或两者的配合间隙过大	（1）调整主轴轴承的间隙 （2）修理后的主轴轴颈没有达到要求，这一情况多数反映在采用滑动轴承的结构上。当滑动轴承尚有足够的调整余量时可将主轴的轴颈进行修磨，以达到圆度要求之内 （3）刮研轴承，修磨轴颈或更换滚动轴承 （4）调整主轴箱体的轴孔，并保证它与滚动轴承外环的配合精度
3	精车外径时圆周表面上在固定的长度（固定位置）上有一节波纹凸起	（1）床身导轨在固定的长度位置上有碰伤、凸痕等 （2）齿条表面在某处凸出或齿条之间的接缝不良	（1）修去碰伤、凸痕等毛刺 （2）将两齿条的接缝配合仔细校正，遇到齿条上某一齿特厚或特薄时，可修整至与其他单齿的齿厚相同

续表

序号	故障内容	产生原因	消除方法
4	精车外径时在圆周表面上与主轴轴心线平行或成某一角度重复出现有规律的波纹	（1）主轴上的传动齿轮齿形不良或啮合不良 （2）主轴轴承的间隙太大或太小 （3）主轴箱上的带轮外径（或皮带槽）振摆过大	（1）出现这种波纹时，如波纹的头数（或条数）与主轴上的传动齿轮齿数相同，就可按下面的方法调整：一般在主轴轴承调整后，齿轮副的啮合间隙不得太大或太小，在正常情况下侧隙保持在0.05mm左右。当啮合间隙太小时可用研磨膏研磨齿轮，然后全部拆卸清洗。对于啮合间隙过大或齿形磨损过度而无法消除该种波纹时，只能更换主轴齿轮 （2）调整主轴轴承的间隙 （3）消除带轮的偏心振摆，调整它的滚动轴承的间隙
5	精车外圆时圆周表面上有混乱的波纹	（1）主轴滚动轴承的滚道磨损 （2）主轴轴向游隙太大 （3）主轴的滚动轴承外环与主轴箱孔有间隙 （4）用卡盘夹持工件切削时，因卡爪呈喇叭孔形状而使工件夹紧不稳 （5）四方刀架因夹紧刀具而变形，导致其底面与上刀架底板的表面夹紧接触不良 （6）上、下刀架（包括床鞍）的滑动表面之间间隙过大 （7）进给箱、溜板箱、托架的三支承不同轴，转动有卡阻现象 （8）使用尾座支持工件切削时，顶尖套筒不稳定	（1）更换主轴的滚动轴承 （2）调整主轴后端推力球轴承的间隙 （3）修理轴承孔达到要求 （4）产生这种现象时可以改变工件的夹持方法，即用尾座支持住进行切削，如乱纹消失后，即可肯定是由于卡盘法兰的磨损所致，这时可按主轴的定心轴颈及前端螺纹配制新的卡盘法兰。如卡爪呈喇叭孔时，一般加垫铜皮即可解决 （5）在夹紧刀具时用涂色法检查方刀架与小滑板结合面接触精度，应保证方刀架在加紧刀具时仍保持与它均匀的全面接触，否则用刮研修正 （6）将所有导轨副的塞铁、压板均调整到合适的配合，使移动平稳、轻便。用0.04mm塞尺检查时插入深度应小于或等于10mm，以克服由于床鞍在床身导轨上纵向移动时，受齿轮与齿条及切削力的颠覆力矩而沿导轨斜面跳跃一类的缺陷 （7）修复床鞍倾斜下沉 （8）检查尾座顶尖套筒与轴孔及夹紧装置是否配合合适，如轴孔松动过大而夹紧装置又失去作用时，修复尾座顶尖套筒达到要求

续表

序号	故障内容	产生原因	消除方法
6	精车外径时在圆周表面上每隔一定长度距离重复出现一次波纹	（1）溜板箱的纵走刀小齿轮与齿条啮合不正确 （2）光杠弯曲，或光杠、丝杠、走刀杠等三孔不在同一平面 （3）溜板箱内某一传动齿轮（或锅杆传动）损坏或由于节径振摆而引起的啮合不正确 （4）主轴箱、进给箱中的轴弯曲或齿轮损坏	（1）如波纹之间距离与齿条的齿距相同时，这种波纹是由齿轮与齿条啮合引起的，应设法使齿轮与齿条正常啮合 （2）这种情况下只是重复出现有规律的周期波纹（光杠回转一周与进给量的关系）。消除时，将光杠拆下校直，装配时要保证三孔同轴及在同一平面 （3）检查与校正溜板箱内的传动齿轮，遇有齿轮（或蜗轮）已损坏时必须更换 （4）校直转动轴，用手转动各轴，在空转时应无轻重现象
7	精车外径时在圆周表面出现有规律性的波纹	（1）因为电动机旋转不平稳而引起机床振动 （2）因为带轮等旋转零件的振幅太大而引起机床振动 （3）车间地基引起机床振动 （4）刀具—工件之间引起的振动	（1）校正电动机转子的平衡，有条件的进行动平衡校正 （2）校正带轮等旋转零件的振摆，对其外径、带轮三角槽进行光整车削 （3）在可能的情况下，将具有强烈振动来源的机器，如砂轮机（磨刀用）等移至离开机床的一定距离，减少振源的影响 （4）设法减少振动，如减少刀杆伸出长度等
8	精车外径时主轴每一转在圆周表面上有一处振痕	（1）主轴的滚动轴承某几粒滚珠磨损严重 （2）主轴上的传动齿轮节径过大	（1）将主轴滚动轴承拆卸后用千分尺逐粒测量滚柱（珠），如确定某几粒滚柱（珠）磨损严重（或滚柱间的尺寸相差很大）时，需更换轴承 （2）消除主轴齿轮的节径振摆，严重时要更换齿轮副
9	精车后的工件端面中凸	（1）溜板移动对主轴箱中心线的平行度超差，要求主轴中心线向前偏 （2）床鞍的上、下导轨垂直度超差，该项要求溜板上导轨的外端必须偏向主轴箱	（1）校正主轴箱主轴中心线的位置，在保证工件正确合格的前提下，要求主轴中心线向前偏（偏向刀架） （2）对经过大修理以后的机床出现该项误差时，必须重新刮研床鞍下导轨面。只有对尚未经过大修理而床鞍上导轨的直线度精度磨损严重致使工件中凸时，可刮研床鞍的上导轨面

续表

序号	故障内容	产生原因	消除方法
10	精车螺纹表面有波纹	（1）因机床导轨磨损而使床鞍倾斜下沉，造成母丝杠弯曲与开合螺母的啮合不良（单片啮合） （2）托架支承孔磨损，使丝杠回转中心线不稳定 （3）丝杠的轴向游隙过大 （4）进给箱挂轮轴弯曲、扭曲 （5）所有的滑动导轨面（指方刀架中滑板及床鞍）间有间隙 （6）方刀架与小滑板的接触面间接触不良 （7）切削长螺纹工件时，因工件本身弯曲而引起的表面波纹 （8）因电动机、机床本身固有频率（振动区）而引起的振荡	（1）修理机床导轨、床鞍达要求 （2）托架支承孔镗孔镶套 （3）调整丝杠的轴向间隙 （4）更换进给箱的挂轮轴 （5）调整导轨间隙及楔铁、床鞍压板等，各滑动面间用 0.03mm 塞尺检查，插入深度应≤20mm。固定接合面间应插不进去 （6）修刮小滑板底面与方刀架接触面，使接触良好 （7）长工件必须安装上合适的跟刀架，使工件不因车刀的切入而引起跳动 （8）摸索、掌握该振动区规律
11	用割槽刀割槽时产生"颤动"或外径重切削时产生"颤动"	（1）主轴轴承的径向间隙过大 （2）主轴孔后轴端面不垂直 （3）主轴中心线（或与滚动轴承配合的轴颈）的径向振摆过大 （4）主轴的滚动轴承内环与主轴锥度的配合不良 （5）工件夹持中心孔不良	（1）调整主轴轴承的间隙 （2）检查并校正后端面的垂直度要求 （3）设法将主轴的径向振摆调整至最小值，如滚动轴承的振摆无法避免时，可采用选配法来减少主轴的振摆 （4）修磨主轴 （5）在校正工件毛坯后，修顶尖中心孔
12	方刀架上的压紧手柄压紧后（或刀具在方刀架上固紧后）小刀架手柄转不动	（1）方刀架的底面不平 （2）方刀架与小滑板底面的接触不良 （3）刀具夹紧后方刀架产生变形	（1）、（2）、（3）均用刮研刀架座底面的方法修正
13	用方刀架进刀精车锥孔时呈喇叭形或表面质量不高	（1）方刀架的移动燕尾导轨不直 （2）方刀架移动对主轴中心线不平行 （3）主轴径向回转精度不高	（1）、（2）参阅"刀架部件的修理"刮研导轨 （3）调整主轴的轴承间隙，按"误差相消法"提高主轴的回转精度

序号	故障内容	产生原因	消除方法
14	重切削时主轴转速低于标牌上的转速或发生自动停车	（1）摩擦离合器调整过松或磨损 （2）开关杆手柄接头松动 （3）开关摇杆和接合子磨损 （4）摩擦离合器轴上的弹簧垫圈或锁紧螺母松动 （5）主轴箱内集中操纵手柄的销子或滑块磨损，手柄定位弹簧过松而使齿轮脱开 （6）电动机传动V带调节过松	（1）调整摩擦离合器，修磨或更换摩擦片 （2）打开配电箱盖，紧固接头上的螺钉 （3）修焊或更换摇杆、接合子 （4）调整弹簧垫圈及锁紧螺钉 （5）更换销子、滑块，将弹簧力量加大 （6）调整V带的传动松紧程度
15	停车后主轴有自转现象	（1）摩擦离合器调整过紧，停车后仍未完全脱开 （2）制动器过松没有调整好	（1）调整摩擦离合器 （2）调整制动器的制动带
16	溜板箱有自动走刀手柄容易脱开	（1）溜板箱内脱落蜗杆的压力弹簧调节过松 （2）蜗杆托架上的控制板与杠杆的倾角磨损 （3）自动走刀手柄的定位弹簧松动	（1）调整脱落蜗杆 （2）将控制板焊补，并将挂钩处脱落 （3）调整弹簧，若定位孔磨损可铆钉后重新打孔
17	溜板箱自动手柄再碰到定位挡铁后还脱不开	（1）溜板箱内的脱落蜗杆压力弹簧调节过紧 （2）蜗杆的锁紧螺母紧死，迫使进给的移动手柄跳开或挂轮脱开	（1）调松脱落螺杆的压力弹簧 （2）松开锁紧螺母，调整间隙
18	丝杠、光杠同时传动	溜板箱内的互锁保险机构的拨叉磨损，失灵	修复互锁保险机构
19	尾座顶尖顶不出来等现象	尾座丝杠头部磨损	烧焊加长丝杠顶端
20	主轴箱油箱不注油	（1）滤油器、油管堵塞 （2）液压泵活塞磨损、压力过小或油量过小 （3）进油管漏压	（1）清洗滤油器，疏通油路 （2）修复或更换活塞 （3）拧紧进油管接头

普通车床润滑的几种方式

一、润滑的类型

1. 浇油润滑，通常用于外露的润滑表面，如普通车床床身导轨面和滑板导轨面等。

2. 溅油润滑，通常用于密封的箱体中，如普通车床主轴箱，它利用齿轮转动把润滑油溅到油槽中，然后输送到各处进行润滑。

3. 油绳导油润滑，油绳导油润滑通常用于进给箱和溜板箱的油池中，它利用毛线吸油和渗油的能力，把润滑油慢慢地引到所需要的润滑处。

4. 弹子油杯注油润滑，通常用于尾座和滑板手柄转动的轴承处。注油时，以油嘴把弹子掀下，滴入润滑油。使用弹子油杯的目的是防尘防屑。

5. 黄油杯润滑，通常用于车床交换齿轮架的中间轴。使用时，先在黄油杯中装满工业油脂，当拧紧杯盖时，油脂就挤进轴承套内，比加机油方便。使用油脂润滑的另一特点：存油期长，不需要每天加油。

6. 液压泵输油润滑，通常用于转速高、润滑油需要大、连续强制润滑的机构中。如车床主轴箱一般都采用液压泵输油润滑。

二、CA6140 型车床的润滑

1. 润滑周期要求

（1）主轴箱内的零件，如轴承、齿轮采用液压泵循环飞溅润滑。箱体润滑油每 3 个月更换一次。

（2）交换齿轮箱中间齿轮轴，如黄油杯润滑，每 8 小时润滑一次。每 7 天向黄油杯加钙基润滑油一次。

（3）尾座和中、小滑板手柄以及光杠、丝杠、刀架转动部位，用弹子油杯润滑，每班一次。

（4）车床导轨、滑板导轨，每班工作前、后擦拭干净并用油枪浇注油润滑。

2. 更换润滑油要求

换油时，根据机床说明书中的要求，选择合格牌号油，应先将废油放尽，然后用煤油把箱体内部冲洗干净，再注入新机油，注油时应用过滤器过滤，且油面在油标的中线。

车床的漏油处理

漏油是车床设备常见的一种故障，通常将漏油划分为渗油、滴油和流油三种形态。

一般规定，静结合面部位，每 30 分钟滴一滴油为渗油；动结合面部位，每 6 分钟滴一滴油为渗油。无论是动结合面还是静结合面，每 2～3 分钟滴一滴油时，称为滴油；每分钟滴五滴油时，就认为是在流油。

在排除设备漏油故障时，使设备达到治漏目的的一般要求是，设备外部静结合面处不得有渗油现象，动结合面处允许有轻微渗油，但不允许流到地面上；设备内部允许有些渗油，但不得渗入电气箱和传动带上，不得滴落到地面，并能引回到润滑油箱内。

一、车床漏油的常见原因

1. 设计不合理

（1）没有合理的回油通路，使回油不畅造成设备漏油。

（2）密封件选用不合适。

（3）该密封的没有涉及密封，或者密封尺寸不当，与密封件相配的结构不合理。

2. 零件缺陷和损坏

3. 维修不当

（1）相关件装配不合适。

例如，箱体和箱体盖之间结合面处有油漆、毛刺或碰伤，使结合面出现贴合不严的现象；未加盖板密封纸垫或改版的密封纸垫损坏；密封圈在拆卸安装中受到划伤损坏或者装配不当；螺钉、螺母拧得过松等原因都会使装配不合适的部位漏油。

（2）换油不符合要求。

（3）对润滑系统的选用和调节不合适。

二、漏油检查的一般方法

1. 机械系统的漏油检查

（1）按部件进行检查。

一般设备都包括主轴箱、进给箱、床身部件、工作台部件等几大部分。检查设备的漏油情况时，应一个部件检查完后，再检查另一个部件。先将要检查的部件外表用棉纱擦干净，再进行观察，看从什么部位出现润滑油渗漏现象，并测定其渗漏程度。检查时要注意动密封部位，如转轴的轴孔配合处，由于间隙的存在容易出现漏油现象，旋转工作台若回油不畅容易将油甩出、溢出，通过观察很容易发现问题。对于静密封处应检查的主要部位是箱体盖缝、油标、油管、管接头等处。

（2）对重点部件进行检查。

由于箱体大多存储大量的润滑油，又有旋转零件的作用及受负荷后的变形，从而使箱体成为最容易漏油的部件，因此治漏时要作为重点进行细查。

（3）重视设备使用过程的日常观察工作。

要求设备操作者在日常维护中，重视设备表面及润滑系统各部位的清洁工作。通过这项工作可以观察设备部位的渗漏情况，弄清渗漏部位，以便为治漏中查清漏因提供依据。对于有些设备漏油原因隐蔽，漏油部位一时很难查清时，就需要采用试堵漏后再观察的方法进行反复检查，逐步弄清漏油的真正原因。

2．液压润滑系统的漏油检查

（1）按顺序进行普查。

液压润滑系统主要由油泵、滤油器、液压控制元件、油管、管接头及油缸等部分组成。检查其漏油情况时，必须将各液压元件及管路各处擦干净后，在正常供油情况下进行检查。对于重点怀疑的部位可以缠上白吸油纸，观察是否因吸有渗漏处的油滴而变黄，即可将问题判断清楚。

（2）通过增压试验进行细查。

为了检查出可能漏油的薄弱环节，可以进行增压试验，将液压润滑系统的压力调高，使其比正常工作压力高出 25%～30%，然后检查油路各部分的渗漏情况。增压试验检查具有发现问题迅速，不会留有隐患的特点。

（3）观察日常液压动作。

对于液压系统来讲，不但要考虑其向部件外部漏油的问题，还要考虑从部件的一个腔流到另一个腔的内部漏油问题。例如，液压油缸活塞处就可能发生内部漏油，从而造成机械系统工作效率的下降，甚至会使液压动作失调。对于液压系统的内漏问题，一般应重视日常液压动作的观察，看是否有动作失调、开关失灵、效率下降的现象发生。发现问题后，可由维修人员进行拆卸检查。

3．常见漏油故障的治理

由于车床的类型繁多，机体构造变化万千，漏油的部位和方式也各不相同，因此对漏油的防治，在此只进行一个综合性的概述，治理设备漏油的常用的方法有调整法、紧固法、疏通法、封涂法、堵漏法、修理法、换件法、改造法等。

（1）调整法。通过调整液压润滑系统的油压，减小系统压力，调整滑动轴承，减小轴承孔与轴颈之间的间隙，以减少设备各处由于溢流过大而引起的渗漏。调整刮油装置，如毛毡的松、紧、高、低，用以克服因刮油装置失效而引起的漏油问题。在治漏过程中，首先应考虑通过调整来进行治漏，只有在相关零件配合关系正确的基础上，再采取其他方法治理才最为合理。

（2）紧固法。通过紧固渗漏部位的螺钉、螺母、管接头等处，可以消除因连接部位松动而引起的漏油现象。一般在治漏过程中，应注意检查各连接部位的紧固情况。在日常维护保养中，操作者也必须注意这个问题，要求做到发现松动部位，立即进行紧固，以避免发生漏油现象，或发生其他意外故障与事故。

（3）疏通法。保证回油畅通是治理漏油的重要措施。在回油通道上，如果回油孔过小、结构不合理、被污物堵住，应及时将回油孔扩大，排除污物，进行疏通，或者增加新的回油孔槽管路。油路畅通了，就减少了润滑油渗漏的机会。

（4）封涂法。对于管接头、箱体接缝处可以涂抹封口胶进行密封紧固，以消除渗漏现象。用封涂法进行治漏具有方法简单、效果明显、成本低廉、适应性广的特点。一般工厂有 70%～80%的设备都可不同程度地采用封涂法进行治漏。

（5）堵漏法。尤其对于存在砂眼、透孔的铸件可以采用堵的方法进行治漏。例如，用环氧树脂堵塞箱体砂眼或者被打透的螺钉孔，效果比较好。另外，堵漏时还可以采用铅块等物进行堵塞。

（6）修理法。例如，箱盖结合面不严密的应进行刮研修理。由于油管喇叭口不合适而造成管接头处漏油的时候，应对油管喇叭口进行修理。液压润滑控制系统元件有时因出现毛刺、拉伤、变形，或造成外部漏油，或造成内部漏油现象。一般问题不大时，也可以通过修理法排除这种情况造成的漏油故障。

（7）换件法。当设备漏油是因密封件磨损、相关件损坏而又不能修复时，应更换新零件。在进行更换新零件时，应注意新换件与相配件要保持合适的配合关系，避免原有的漏油问题解决了，又出现新的漏油问题。

（8）改造法。在治漏过程中，有时还需要通过改善密封材料、改变紧固方法、改换润滑介质、改变回油位置、改进防漏措施等，才能消除设备存在的渗漏现象，用改造法进行治漏方法很多，一般应注意不要影响设备的正常运转，不能破坏设备原有的强度和刚度，尤其采用增加回油槽、扩大螺钉孔、加置接油盘等措施时，要注意这个问题。

反侵权盗版声明

电子工业出版社依法对本作品享有专有出版权。任何未经权利人书面许可，复制、销售或通过信息网络传播本作品的行为；歪曲、篡改、剽窃本作品的行为，均违反《中华人民共和国著作权法》，其行为人应承担相应的民事责任和行政责任，构成犯罪的，将被依法追究刑事责任。

为了维护市场秩序，保护权利人的合法权益，我社将依法查处和打击侵权盗版的单位和个人。欢迎社会各界人士积极举报侵权盗版行为，本社将奖励举报有功人员，并保证举报人的信息不被泄露。

举报电话：（010）88254396；（010）88258888

传　　真：（010）88254397

E-mail：　dbqq@phei.com.cn

通信地址：北京市万寿路 173 信箱

　　　　　电子工业出版社总编办公室

邮　　编：100036